소방 기초계산

홍영호 지음

도서출판 동화기술

Preface

소방분야를 처음 접하는 학습자들이 단위 및 차원 그리고 이러한 물리량으로 표현된 내용을 쉽게 이해할 수 있도록 하는데 조금이라도 도움이 되었으면 하는 마음으로 이 책을 쓰기 시작하였다.

이 책은 소방을 시작하는 학습자들에게 필요한 질량과 중량의 관계를 비롯하여 유속과 유량에 대해서 기초적인 내용을 중심으로 서술하였다. 여기에 압력과 온도 그리고 열량 등 힘과 에너지적인 측면에 대한 내용을 소개하였다. 더불어 소방 실무현장에서 주로 발생하는 기체에 관련된 법칙 및 혼합과 분리 그리고 연소에 필요한 공기량을 계산하는 방법에 대해 서술하였다.

책을 쓰다 보면 항상 처음에 시작할 때와 마지막으로 마무리 할 때 마음이 같지 않게 된다. 처음에는 학습자들 입장에서 좀 더 쉽게 내용을 설명해야지 라는 마음으로 시작을 한다. 그러나 책을 마무리 하는 과정이 되면 좀 더 쉽게 설명할 수 있었는데 라는 아쉬움이 남는다. 처음 마음이 마지막에도 남아 있어서 항상 아쉬움이 남는 것이 책을 쓴다는 것이 아닌가 하는 생각이 든다.

책 속에 있는 주제에 대한 설명을 쉽게 하려고 노력하였으나 그럼에도 불구하고 학습자들의 입장에서 보면 미진하고 부족한 부분이 많이 있을 것이다.

이에 대해서는 추후 많은 분들의 지적을 겸허하게 참고하여 내용을 보완 하도록 하겠습니다. 끝으로 여러 가지로 어려운 여건에서도 책을 출판하는데 수고와 협조를 아끼지 않으신 도서출판 동화기술 회장님과 편집 및 교정에 수고하신 편집부 직원 분께도 감사를 드립니다.

Contents

Chapter 1

단위

1-1 단위

소방을 공부하는 학생들이 제일 먼저 접하게 되는 부분이 소화약제인 물의 흐름에 대한 특성과 소방시설의 설계에 대한 내용이 될 것이다. 이러한 내용들을 공부하다보면 여러 가지의 단위들을 사용하게 된다. 단위라고 하는 것은 우리주변의 여러 가지 시설 및 장치들에 대해 그 특성을 숫자를 활용하여 설명하는 가장 보편적인 방법이라고 할 수 있다. 단위의 이해는 설비와 그 설비들이 가지고 있는 특성을 활용하는데 중요한 요소이기도 한다.

그러므로 소방에서 사용되고 있는 여러 가지 형태의 단위를 이해하는데 가장 기본이 되는 몇 가지 기초적인 지식을 다루고자 한다. 여기에 사용되는 기초지식은 일반물리에서 다루어졌던 내용이 중심이 될 것이다. 그러나 이러한 내용들이 소방분야에 있어서 매우 유용하게 사용되며, 소방에서 계산문제를 해결하는데 많은 도움을 줄 것으로 기대한다.

화재가 발생하면 연소 생성물로 빛과 에너지가 발생하고 더불어 가스와 연기 등이 발생하게 된다. 이러한 연소 생성물의 이동과, 온도의 변화와 같은 반응조건의 변화를 나타내기 위하여 여러 가지 방법들이 사용될 수 있는데 이러한 것들은 모두 단위라는 것으로 구성되어있다. 따라서 소방에서 발생하는 현상에 대한 이해를 위하여 단위에 대한 이해가 필수적이라 할 수 있다.

여러 가지 물리적 특성을 나타내는 값을 길이, 시간, 질량 등과 같은 개념으로 표현하는 것을 "**차원(dimension)**"이라 한다. 차원의 구체적 표현수단을 "**단위(unit)**"라 한다. 단위체계는 공식적으로 사용되는 SI 단위체계인 MKS 단위와 cgs 단위체계 그리고 미국 공학 분야에서 널리 사용되는 FPS 단위체계가 있다. 소방분야에서는 SI 단위체계를 기본으로 사용하며, SI 단위체계에서도 MKS 단위체계를 주로 사용하고 있다. 따라서 본 교재에서는 길이는 [m], 질량은 [kg], 시간은 [s]로 나타내는 MKS 단위체계를 사용하였다.

표 1-1에 길이(lenght)의 기본단위를 m, 질량(mass)의 기본 단위가 kg, 그리고 시간(time)의 기본단위가 [s]인 MKS 단위계에 대해 나타내었다.

개념정리	소방에서 사용되는 단위계
	소방에서는 길이는 [m], 질량은 [kg] 그리고 시간은 [s]인 MKS 단위계가 사용된다.

표 1-1 MKS 단위계

종류	길이	질량	시간
단위	m	kg	s (sec)

표 1-2에 길이, 시간, 속도, 가속도 등 기본단위계와 밀도를 비롯한 유도단위계 그리고 힘의 단위계에 관한 몇 가지 물리적 특성 값에 대한 기본단위 체계와 힘의 단위 체계에 대해 나타내었다. 여기서 사용되는 단위들은 앞으로 소방분야를 학습하는데 널리 사용되므로 익혀두면 편하게 활용할 수 있을 것이다.

표 1-2 기본단위와 힘의 단위체계

물리적 특성 값		기호	기본 단위	힘의 단위 [차원]
기본단위계	길이	L	m	m
	시간	T	s	s
	속도	U	m/s	m/s
	가속도	a(g)	m/s^2	m/s^2
유도단위계	압력	P	$kg/m \cdot s^2$	N/m^2
	밀도	ρ	kg/m^3	$N \cdot s^2/m^4$
	비중량	γ	$kg/m^2 \cdot s^2$	N/m^3
	비체적	$\overline{V}$	m^3/kg	$m^4/N \cdot s^2$
	점도	μ	$kg/m \cdot s$	$N \cdot s/m^2$
	동점도	ν	m^2/s	m^2/s
힘의 단위계	힘	F	$kg \cdot m/s^2$	N
	일	W	$kg \cdot m^2/s^2$	$N \cdot m$
	일률		$kg \cdot m^2/s^3$	$N \cdot m/s$
	운동량		$kg \cdot m/s$	$N \cdot s$

물리량을 측정할 때 일정량을 기준으로 하여 주어진 양이 그 일정량의 몇 배가 되는가를 측정하게 되는데, 그 기준이 되는 일정량을 단위라고 한다.

화재 현장에서 가연물의 연소에 의해서 발생하는 연소기체의 이동속도를 서로 다른 단위를 사용해서 설명한다면, 화재상황을 올바르게 판단하기 어려워진다. 따라서 이런 기초적인 단위들은 서로 통일시켜서 사용하는 것이 편리하므로 이런 단위들은 기본단위를 활용해서 만들게 된다. 이렇게 만들어진 단위들을 유도단위라 한다. 유도단위의 종류에 대해서는 표 1-2에 간단히 소개하였다.

예를 들면 밀도는 질량과 길이라는 기본단위를 활용해서 만들어진 유도단위이다. 실제로 공학에서는 기본단위 보다는 유도단위의 개념들이 널리 사용되고 있다.

기본단위를 바탕으로 하여 다른 양의 단위를 유도하면 계통적인 단위의 모임이 된다. 이것을 단위계라고 한다. 절대단위계에는 SI 단위체계인 MKS 단위(길이를 m, 질량을 kg, 시간을 s로 나타내는 단위계), cgs 단위(길이를 cm, 질량을 g, 시간을 s로 나타내는 단위계)와 FPS 단위(길이를 ft, 질량을 lb, 시간을 s로 나타내는 단위계)가 이에 속한다. 절대단위계는 길이, 질량, 시간의 단위를 기본으로 한다. 표 1-3은 절대단위계의 기본단위인 길이, 시간, 질량의 단위와 대표적인 유도단위인 힘, 에너지의 단위를 정리한 표이다.

표 1-3 절대 단위계

	길이	시간	질량	힘	에너지
MKS	m	s	kg	N	J
cgs	cm	s	g	dyne	erg, cal

이러한 단위체계에는 기본단위와 유도단위의 2종류가 있다. 즉 길이, 질량, 시간, 온도, 열량 등과 같은 것은 기본단위에 포함되고, 이러한 기본단위로부터 유도된 단위체계로 1개 이상의 기본단위로 구성된 일종의 복합 단위체계인 밀도와 압력과 같은 값을 유도단위체계라 한다.

표 1-4 기본량의 단위

기본량	MKS	cgs	FPS
길이	m (meter)	cm (centimeter)	ft (foot)
질량	kg (kilogram)	g (gram)	lb (pound)
시간	s (second)	s (second)	s (second)

개념정리	1 m의 기준
	1미터(m)의 기준은 빛의 속도를 이용하여 정하고 있다. 빛의 속도는 변하지 않는다는 것이 상대성이론에서 증명되었으므로 이를 이용하는 것이다. 정확하게 빛이 1/299792458초 동안 가는 거리를 1미터(m)로 하고 있다.

개념정리	1 g의 기준
	1 g이란 가로, 세로, 높이가 1 cm인 정육면체 안에 약 섭씨 4도가 되는 물을 가득 채웠을 때의 무게를 의미한다.

개념정리	1 s(초)의 기준
	시간의 단위인 "초"의 정의는 역사적으로 다음과 같이 변천되어 왔다. ㉠ 평균태양시(mean solar time) : 1956년 이전 1초(s)는 평균 태양일의 86,400분의 1이다. ㉡ 역표시(ephemeris time) : 1956～1967 1초(s)는 역표시로 1900년 1월 0일 12시에 대한 태양년의 1/31,556,925.9747이다. ㉢ 원자시(atomic time) : 1967～현재 1초(s)는 세슘-133 원자의 바닥상태에 있는 두 초미세 준위간의 전이에 대응하는 복사선의 9,192,631,770주기의 지속시간이다.

1–2 단위의 환산

앞에서 설명하였듯이 서로 다른 단위체계를 사용해서 의사표현을 하게 되면 의미가 정확하게 전달될 수 없다. 즉, 사용되는 단위에 따라 그 의미가 차이가 나기 때문에 최종적인 단계에서는 서로 일치되는 단위를 사용해서 내용을 비교하여야 한다. 이처럼 서로 다른 단위체계를 같은 단위체계로 표현하는 것을 단위 환산이라고 한다.

단위 환산은 서로 다르게 표현된 기본단위인 길이, 질량 그리고 시간값을 서로 같은 값으로 나타내는 것이라고 생각하면 된다. 이러한 단위 환산을 하는데 먼저 생각해야 하는 것이 단위의 연산관계이다.

단위 환산을 위한 계산을 하는데 있어서 단위가 다르면 곱하기(×)와 나누기(÷)는 가능하지만 더하기(＋)와 빼기(－)에 대한 연산은 할 수 없다. 그러므로 단위가 포함된 숫자를 가지고 연산을 하는 경우에는 서로 같은 단위체계로 환산해야 한다.

개념정리	단위 계산에서 주의할 점
	① 같은 차원의 계산 : 승(×), 제(÷), 가(+), 감(−)의 계산 가능 ② 다른 차원의 계산 : 승(×), 제(÷)의 계산만 가능

소방에서 주로 사용되는 단위인 SI 단위체계는 MKS와 cgs 단위체계로 구성되어 있다. MKS와 cgs 단위체계에서 사용되는 단위는 질량, 길이, 시간을 기본단위로 하고, 이러한 기본단위를 이용하여 면적, 부피 및 압력 등과 같은 여러 가지 형태의 유도단위들이 사용된다. 단위체계에서 숫자가 클 경우 그 숫자를 배수의 형태로 표현한다. 배수는 그 배수를 의미하는 단어의 첫 글자를 주로 사용한다. 이때 사용되는 접두어는 다음의 표 1-5와 같다.

표 1-5 단위체계의 주요 접두어

배 수	접두어	배 수	접두어
10^9	G (giga)	10^{-1}	d (deci)
10^6	M (mega)	10^{-2}	c (centi)
10^3	k (kilo)	10^{-3}	m (milli)
10^2	h (hecto)	10^{-6}	μ (micro)
10^1	da (deca)	10^{-9}	n (nano)

개념정리	단위로 접두어의 사용
	$1\ cm = 10^{-2}\ m$, $1\ km = 10^3\ m$, $1\ mm = 10^{-3}\ m$ $1\ mg = 10^{-3}\ g$, $1\ kg = 10^3\ g$, $1\ \mu g = 10^{-6}\ g$

물리적 개념인 기본 단위의 길이, 부피, 질량의 단위 환산 관계는 표 1-6에서 보는 바와 같다.

표 1-6 단위 환산 관계(단위 환산 인자)

Dimension(차원)	소방에서 사용되는 주요 단위 환산 인자
Length (길이)	1 ft = 12 inch, 1 inch = 2.54 cm,
Volume (부피)	$1\ ft^3 = 7.48$ gal, 1 gal = 3.785 ℓ, 1 barrel = 42 us gal
Mass (질량)	1 lb = 454 g = 0.454 kg

단위계산에서 가장 기본적인 내용인 단위를 환산하는 방법에 대해서 간단히 살펴보자. 단위 환산은 주어진 단위로부터 원하는 단위로 단위를 변환하는 것을 의미하며, 기존의 단위체계를 새로운 단위체계로 환산하기 위하여 새로운 단위와 기존단위 사이의 환산관계를 이용하여 다음과 같이 계산한다.

$$\text{새단위} = \text{기존의 단위} \times \boxed{\frac{\text{새단위의 환산값}}{\text{기존단위의 기본값}}}$$

(단위 환산인자)

위에서 살펴본 바와 같이 단위 환산은 기존의 단위체계를 단위 환산 인자 $\left(\boxed{\frac{\text{새단위의 환산값}}{\text{기존단위의 기본값}}}\right)$를 사용하여 새로운 단위체계로 변화시키는 것을 의미한다. 단위 환산에서는 단위에 같이 포함되어 있는 숫자의 환산관계에도 주의하여야 한다.

개념정리	단위 환산
	주어진 단위를 단위 환산 인자를 사용하여 새로운 단위로 변화 시키는 것

(1) 길이의 단위 환산

예를 들어, 10 m라는 길이를 ft의 단위로 환산하는 방법에 대해서 살펴보기로 하자. 우선 m와 ft는 같은 길이의 차원이므로 단위 환산이 가능하다.

단위 환산을 위해서는 길이의 단위 환산 인자를 알고 있어야 한다. 즉 1 ft는 0.3048 m라는 단위 환산인자를 이용하여 단위를 계산할 수 있게 된다.

10 m라는 길이를 ft의 단위로 환산하는 방법은 "1 ft가 0.3048 m일 때 10 m는 몇 ft인가?"와 같다고 할 수 있다. 따라서 비례관계에 의하면

$1\ \mathrm{ft} : 0.3048\ \mathrm{m} = x\ \mathrm{ft} : 10\ \mathrm{m}$ 의 형태가 된다.

위의 비례관계를 정리하면

$x\ \mathrm{ft} = 10\ \mathrm{m} \times \boxed{\frac{1\ \mathrm{ft}}{0.3048\ \mathrm{m}}}$가 된다. 이때 $\boxed{\frac{1\ \mathrm{ft}}{0.3048\ \mathrm{m}}}$는 앞서 살펴본 1 ft는 0.3048 m라는 단위 환산인자와 같다. 즉 단위 환산은 단위 환산 인자를 이용하여 주어진 단위를 새로운 단위로 바꾸는 과정을 의미한다. 그러나 모든 계산을 이와 같은 비례관계로 나타낼 수 없으므로 단위 환산은 주어진 단위를 없애고(÷), 새로운 단위를 만드는(×) 과정이라고 생각하면 된다.

즉, $x\text{ ft} = 10\text{ m} \times \boxed{\dfrac{1\text{ ft}}{0.3048\text{ m}}} = 32.8\text{ ft}$에서와 같이

m를 ft의 새로운 단위로 바꾸기 위해서는 주어진 단위인 m를 없애기 위해 나누어(÷) 주고, 새로운 단위인 ft로 바꾸기 위해 곱해(×) 주는 과정을 진행한 것이다.

이것이 길이의 단위 환산 과정이며 모든 단위 환산 과정은 이와 같이 단위를 없애고(÷), 만드는(×) 과정을 표현한 것이라고 생각하면 된다.

개념정리	길이의 단위 환산 방법
	길이에 대한 단위 환산은 10 m를 ft의 단위로 환산하는 과정인 $x\text{ ft} = 10\text{ m} \times \boxed{\dfrac{1\text{ ft}}{0.3048\text{ m}}}$에서와 같이 m를 ft의 새로운 단위로 바꾸기 위해서는 주어진 단위인 m를 없애기 위해 나누어(÷) 주고, 새로운 단위인 ft로 바꾸기 위해 곱해 (×) 주는 과정을 진행한 것이다.

개념정리	길이의 단위 환산 인자	
	SI 단위	1 m = 100 cm = 10^2 cm 1 cm = 10 mm 1 km = 1000 m = 10^3 m
	기타 단위	1 inch = 2.54 cm 1 ft = 12 inch = 30.48 cm = 0.3048 m

그러면 이러한 길이에 관한 단위의 계산은 어떻게 하는 것인가를 예제를 통해서 살펴보기로 하자.

예제 1-1 40 m를 다음의 단위로 환산하시오.

① mm ② cm

solution 길이 환산관계를 이용하면 그 결과는 다음과 같다.

① 길이의 단위 환산 관계에 의하면 1 m는 10^3 mm이므로 40 m를 mm로 단위 환산하면

$$40\text{ m} = 40\text{ m} \times \boxed{\frac{10^3\text{ mm}}{1\text{ m}}} = 4\times 10^4\text{ mm}$$

② 길이의 단위 환산 관계에 의하면 1 m는 10^2 cm이므로 40 m를 cm로 단위 환산하면

$$40\ \text{m} = 40\ \text{m} \times \boxed{\frac{10^2\ \text{cm}}{1\ \text{m}}} = 4 \times 10^3\ \text{cm}$$

예제 1-2 사람의 발 크기를 기준으로 만들어진 단위가 ft 이다. 25 ft를 우리가 주로 사용하는 m로 환산하면 몇 m인가?

solution 길이의 단위 환산 관계에 의하면 1 ft는 30.48 cm = 0.3048 m이므로 25 ft를 m의 단위로 환산하면

$$25\ \text{ft} = 25\ \text{ft} \times \boxed{\frac{0.3048\ \text{m}}{1\ \text{ft}}} = 7.62\ \text{m}$$

예제 1-3 65 mm인 방수구의 직경 값을 다음의 단위로 환산하시오.

① cm ② inch ③ ft

solution 방수구의 직경이 65 mm이므로 환산관계를 이용하면 그 결과는 다음과 같다.

① 길이의 단위 환산 관계에 의하면 1 cm는 10 mm이므로 65 mm를 cm의 단위로 환산하면

$$65\ \text{mm} = 65\ \text{mm} \times \boxed{\frac{1\ \text{cm}}{10\ \text{mm}}} = 6.5\ \text{cm}$$

② 길이의 단위 환산인자에 의하면 1 inch는 2.54 cm이므로 65 mm를 inch의 단위로 환산하면

$$65\ \text{mm} = 65\ \text{mm} \times \boxed{\frac{1\ \text{cm}}{10\ \text{mm}}} \times \boxed{\frac{1\ \text{inch}}{2.54\ \text{cm}}} = 2.56\ \text{inch}$$

③ 길이의 단위 환산인자에 의하면 1 ft는 30.48 cm의 값을 가지고 있으므로 65 mm를 ft의 단위로 환산하면

$$65\ \text{mm} = 65\ \text{mm} \times \boxed{\frac{1\ \text{cm}}{10\ \text{mm}}} \times \boxed{\frac{1\ \text{ft}}{30.48\ \text{cm}}} = 0.213\ \text{ft}$$

예제 1-4 48 ft로 표시되는 길이 값을 다음의 단위로 환산하시오.

① cm ② m

solution 길이 환산관계를 이용하면 그 결과는 다음과 같다.

① 길이의 단위 환산 관계에 의하면 1 ft는 30.48 cm이므로 48 ft를 cm의 단위로 환산하면

$$48\ \text{ft} = 48\ \text{ft} \times \boxed{\frac{30.48\ \text{cm}}{1\ \text{ft}}} = 1463.04\ \text{cm}$$

② 길이의 단위 환산인자에 의하면 1 ft는 0.3048 m이므로 48 ft를 m의 단위로 환산하면

$$48\ \text{ft} = 48\ \text{ft} \times \boxed{\frac{0.3048\ \text{m}}{1\ \text{ft}}} = 14.63\ \text{m}$$

(2) 면적의 단위 환산

길이의 단위에서 유도된 단위인 면적(Area)은 길이에 길이를 곱한 값으로 면적의 단위 환산은 그림에서 보는 바와 같이 주어진 두변의 길이를 각각 단위 환산하여 곱한 결과와 같다.

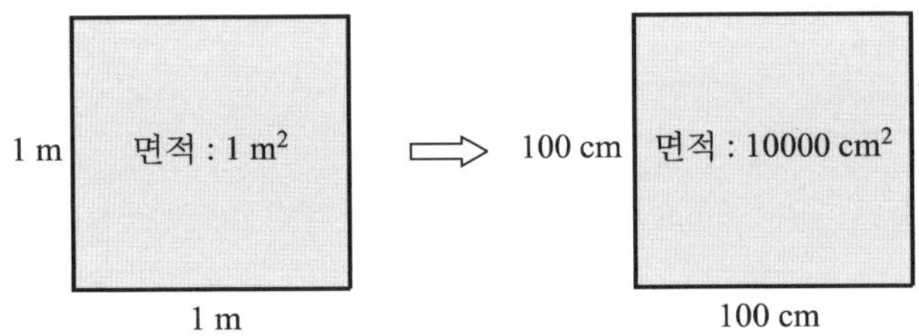

예를 들어, 10 m^2라는 면적을 ft^2의 단위로 환산하는 방법에 대해서 살펴보기로 하자. 우선 m^2와 ft^2은 같은 길이의 제곱의 관계이므로 단위 환산이 가능하다.

면적이 길이의 제곱근이므로 면적에 대한 단위 환산을 위해서는 길이의 단위 환산 인자를 알고 있어야 한다. 즉 1 ft는 0.3048 m이므로 $(1\ \text{ft})^2$은 $(0.3048\ \text{m})^2$라는 단위 환산인자를 이용하여 단위를 계산할 수 있게 된다.

10 m^2이라는 면적을 ft^2의 단위로 환산하는 방법은 $(1\ \text{ft})^2$가 $(0.3048\ \text{m})^2$일 때 10 m^2은 몇 ft^2인가? 하는 형태로 볼 수 있다.

따라서 $(1\ \text{ft})^2 : (0.3048\ \text{m})^2 = x\ \text{ft}^2 : 10\ \text{m}^2$ 의 형태가 된다.

위의 비례관계를 정리하면

$$x\ \text{ft}^2 = 10\ \text{m}^2 \times \boxed{\left(\frac{1\ \text{ft}}{0.3048\ \text{m}}\right)^2} = 107.64\ \text{ft}^2 \text{이 된다.}$$

이때 $\boxed{\dfrac{1\ \text{ft}}{0.3048\ \text{m}}}$는 앞서 살펴본 1 ft는 0.3048 m라는 단위 환산인자와 같다.

개념정리	면적의 단위 환산 방법
	면적에 대한 단위 환산은 m^2의 단위 값에서 ft^2의 단위로 환산하는 관계인 $x\ ft^2 = 10\ m^2 \times \boxed{\left(\frac{1\ ft}{0.3048\ m}\right)^2} = 107.64\ ft^2$에서와 같이 m^2을 ft^2의 새로운 단위로 바꾸기 위해서는 주어진 단위인 m^2를 없애기 위해 나누어 (÷) 주고, 새로운 단위인 ft^2으로 바꾸기 위해 곱해 (×) 주는 과정을 진행한 것이다.

개념정리	면적의 단위 환산에서 주의 사항
	길이의 유도단위인 면적은 (길이)^{2}의 형태이므로 단위를 환산할 경우 배수도 단위의 지수 항과 동일하게 계산하여야 하므로 ft^2을 m^2으로 환산하는 경우 $(1\ ft)^2 = (0.3048\ m)^2 = (0.3048)^2\ m^2$으로 단위 앞에 있는 계수 0.3048도 제곱근 해주어야 한다.

개념정리	면적의 단위 환산 인자	
	SI 단위	$1\ m^2 = (100\ cm)^2 = 10000\ cm^2 = 10^4\ cm^2$ $1\ cm^2 = (10\ mm)^2 = 100\ mm^2 = 10^2\ mm^2$
	기타 단위	$1\ inch^2 = (2.54\ cm)^2 = (2.54)^2\ cm^2$ $1\ ft^2 = (12\ inch)^2 = (12)^2\ inch^2$ $1\ ft^2 = (30.48\ cm)^2 = (30.48)^2\ cm^2$ $1\ ft^2 = (0.3048\ m)^2 = (0.3048)^2\ m^2$

면적에 관한 단위의 계산은 어떻게 하는 것인가를 예제를 통해 살펴보기로 하자.

예제 1-5 소화기 설치 조건에 의하면 연면적 33 m^2 이상인 곳에는 소화기를 설치하도록 되어 있다. 이 값을 ft^2의 단위로 환산하면 그 값은 얼마인가?

solution 연 면적이 33 m^2이므로 환산관계를 이용하면 그 결과는 다음과 같다.
길이의 단위 환산 관계에 의하면 1 ft는 0.3048 m이므로

$$33\ m^2 = 33\ m^2 \times \boxed{\left(\frac{1\ ft}{0.3048\ m}\right)^2} = 355.2\ ft^2$$이 된다.

개념정리	지수 법칙	
	1. $a^m \times a^n = a^{m+n}$	$(10^2 \times 10^3 = 10^5)$
	2. $(a^m)^n = a^{m \times n}$	$((10^2)^3 = 10^6)$
	3. $(ab)^m = a^m b^n$, $\left(\frac{b}{a}\right)^m = \frac{b^m}{a^m}$	$(a \neq 0)$
	4. $a^m \div a^n = a^{m-n}$	$(10^2 \div 10^3 = 10^{-1})$
	5. $a^{-m} = \frac{1}{a^m}$	$(\frac{1}{10^2} = 10^{-2})$
	6. $a^0 = 1$	$(10^0 = 1)$

예제 1-6 면적이 65 cm^2인 값을 다음의 단위로 환산하시오.

① m^2 ② $inch^2$ ③ ft^2

solution 면적이 65 cm^2이므로 환산관계를 이용하면 그 결과는 다음과 같다.

① 길이의 단위 환산 관계에 의하면 1 m는 100 cm이므로 65 cm^2를 m^2의 단위로 환산하면

$$65\ cm^2 = 65\ cm^2 \times \left(\frac{1\ m}{100\ cm}\right)^2 = 65 \times 10^{-4}\ m^2 = 6.5 \times 10^{-3}\ m^2$$

② 길이의 단위 환산인자에 의하면 1 inch는 2.54 cm이므로 65 cm^2를 $inch^2$의 단위로 환산하면

$$65\ cm^2 = 65\ cm^2 \times \left(\frac{1\ inch}{2.54\ cm}\right)^2 = 10.075\ inch^2$$

③ 길이의 단위 환산인자에 의하면 1 ft는 30.48 cm의 값을 가지고 있으므로 65 cm^2를 ft^2의 단위로 환산하면

$$65\ cm^2 = 65\ cm^2 \times \left(\frac{1\ ft}{30.48\ cm}\right)^2 = 0.07\ ft^2$$

(3) 부피의 단위 환산

부피(Volume)는 면적에 길이를 곱한 값 또는 길이의 세제곱의 값으로 정의된다. 부피의 단위 환산은 그림에서 보는 바와 같이 주어진 세변의 길이를 각각 단위 환산하여 곱한 결과와 같다.

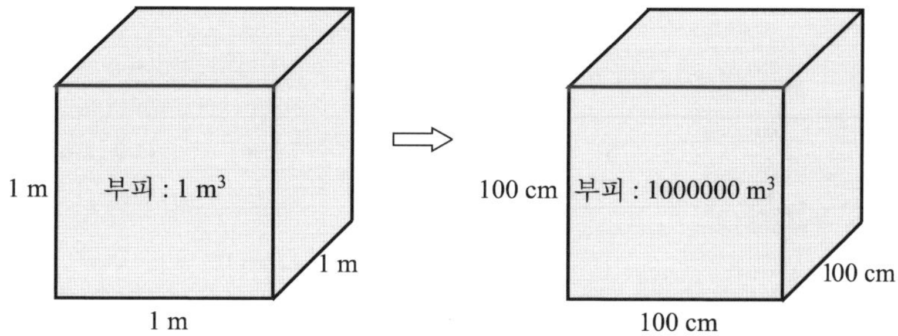

개념정리	부피의 단위 환산에서 주의 사항
	길이의 유도단위인 부피는 (길이)^{3}의 형태이므로 단위를 환산할 경우 배수도 단위의 지수 항과 동일하게 계산하여야 하므로 ft^{3}을 m^{3}으로 단위 환산하는 경우 $(1\ \text{ft})^3 = (0.3048\ \text{m})^3 = (0.3048)^3\ \text{m}^3 = 0.0283\ \text{m}^3$이 되어야 한다.

예를 들어, 10 m^{3}라는 부피를 ft^3 의 단위로 환산하는 방법에 대해서 살펴보기로 하자. 우선 m^{3}와 ft^{3}은 같은 길이 세제곱 관계이므로 단위 환산이 가능하다.

부피가 길이의 세제곱 관계이므로 부피에 대한 단위 환산을 위해서는 길이의 단위 환산 인자를 알고 있어야 한다. 즉 1 ft는 0.3048 m이므로 (1 ft)^{3}은 (0.3048 m)^{3}이라는 단위 환산인자를 이용하여 단위를 계산할 수 있게 된다.

10 m^{3}이라는 부피를 ft^{3}의 단위로 환산하는 방법은 (1 ft)^{3}이 (0.3048 m)^{3}일 때 10 m^{3}은 몇 ft^{3}인가? 하는 형태로 볼 수 있다.

따라서 $(1\ \text{ft})^3 : (0.3048\ \text{m})^3 = x\ \text{ft}^3 : 10\ \text{m}^3$의 형태가 된다.

위의 비례관계를 정리하면

$$x\ \text{ft}^3 = 10\ \text{m}^3 \times \boxed{\left(\frac{1\ \text{ft}}{0.3048\ \text{m}}\right)^3} = 353.15\ \text{ft}^3$$ 이 된다.

이때 $\boxed{\dfrac{1\ \text{ft}}{0.3048\ \text{m}}}$는 앞서 살펴본 1 ft는 0.3048 m라는 단위 환산인자와 같다.

개념정리	부피의 단위 환산 방법
	부피의 단위 환산은 m^{3}을 ft^{3}으로 단위 환산하는 $x\ \text{ft}^3 = 10\ \text{m}^3 \times \boxed{\left(\frac{1\ \text{ft}}{0.3048\ \text{m}}\right)^3} = 353.15\ \text{ft}^3$에서와 같이 m^{3}을 ft^{3}의 새로운 단위로 바꾸기 위해서는 주어진 단위인 m^{3}을 없애기 위해 나누어 (÷) 주고, 새로운 단위인 ft^{3}으로 바꾸기 위해 곱해 (×) 주는 과정을 진행한 것이다.

개념정리	부피의 단위 환산 인자	
	SI 단위	$1\ m^3 = (100\ cm)^3 = 1000000\ cm^3 = 10^6\ cm^3$ $1\ cm^3 = (10\ mm)^3 = 1000\ mm^3 = 10^3\ mm^3$ $1\ m^3 = 1000\ \ell = 10^3\ \ell$
	기타 단위	$1\ inch^3 = (2.54\ cm)^3 = (2.54)^3\ cm^3$ $1\ ft^3 = (12\ inch)^3 = (12)^3\ inch^3$ $1\ ft^3 = (30.48\ cm)^3 = (30.48)^3\ cm^3$ $1\ ft^3 = (0.3048\ m)^3 = (0.3048)^3\ m^3$

그러면 이러한 부피에 관한 단위의 계산에 대해 예제를 통해 살펴보기로 하자.

예제 1-7 옥내소화전 설비의 기준에 의하면 노즐에서의 방사량은 1분당 130 ℓ 이상이어야 한다. 이 값을 m^3 값으로 환산하면 얼마나 되는가?

solution 부피의 단위 환산 관계인 $1\ m^3$은 1000 ℓ이므로 환산관계를 이용하면 그 결과는 다음과 같다.

$130\ \ell = 130\ \ell \times \boxed{\dfrac{1\ m^3}{1000\ \ell}} = 0.13\ m^3$이 된다.

예제 1-8 부피가 $0.65\ m^3$인 값을 다음의 단위로 환산하시오.

① cm^3 ② $inch^3$ ③ ft^3

solution 부피가 $0.65\ m^3$이므로 환산관계를 이용하면 그 결과는 다음과 같다.

① 길이의 단위 환산 관계에 의하면 1 m는 100 cm이므로 $0.65\ m^3$를 cm^3의 단위로 환산하면

$$0.65\ m^3 = 0.65\ m^3 \times \boxed{\left(\frac{100\ cm}{1\ m}\right)^3} = 0.65 \times 10^6\ cm^3 = 6.5 \times 10^5\ cm^3$$

② 단위 환산인자에 의하면 1 inch는 2.54 cm이므로 $0.65\ m^3$를 $inch^3$의 단위로 환산하면

$$0.65\ m^3 = 0.65\ m^3 \times \boxed{\left(\frac{100\ cm}{1\ m}\right)^3} \times \boxed{\left(\frac{1\ inch}{2.54\ cm}\right)^3} = 3.97 \times 10^4\ inch^3$$

③ 단위 환산인자에 의하면 1 ft는 0.3048 m의 값을 가지고 있으므로 $0.65\ m^3$을 ft^3의 단위로 환산하면

$$0.65\ m^3 = 0.65\ m^3 \times \boxed{\left(\frac{1\ ft}{0.3048\ m}\right)^3} = 22.95\ ft^3$$

(4) 질량의 단위 환산

질량(mass)의 표준단위는 kg이다. 질량 단위에는 SI 단위 외에도 관습적으로 사용되는 단위들이 있다. 이들 단위의 관계를 살펴보면 다음과 같다.

개념정리	질량의 단위 환산 인자	
	SI 단위	1 kg = 1000 g = 10^3 g 1 ton = 1000 kg = 10^3 kg
	기타 단위	1 lb = 454 g = 0.454 kg

질량의 단위 환산을 위해서는 질량의 단위 환산 인자를 알고 있어야 한다.

10 kg의 질량을 lb(pound)의 단위로 환산하는 방법은 1 lb가 0.454 kg일 때 10 kg은 몇 lb인가? 하는 형태로 볼 수 있다.

따라서 1 lb : 0.454 kg = $x\ lb$: 10 kg의 형태가 된다.

위의 비례관계를 정리하면

x lb = 10 kg × $\boxed{\frac{1\ lb}{0.454\ kg}}$가 된다. 이때 $\boxed{\frac{1\ lb}{0.454\ kg}}$는 앞서 살펴본 1 lb는 0.454 kg이라는 단위 환산인자와 같다.

예제 1-9 질량이 6.5 kg인 물체는 몇 lb의 질량으로 표시되는가?

solution kg으로 표현되는 MKS 단위체계를 FPS 단위체계인 lb로 환산하는 문제이므로 두 단위체계의 환산인자인 1 lb = 454 g = 0.454 kg을 사용하여 구할 수 있다.

$$6.5\ kg = 6.5\ kg \times \boxed{\frac{1\ lb}{0.454\ kg}} = 14.3\ lb$$

개념정리	질량의 단위 환산 방법
	질량의 단위 환산은 즉 x lb = 10 kg × $\boxed{\frac{1\ lb}{0.454\ kg}}$에서와 같이 kg을 lb의 새로운 단위로 바꾸기 위해서는 주어진 단위인 kg을 없애기 위해 나누어 (÷) 주고, 새로운 단위인 lb로 바꾸기 위해 곱해 (×) 주는 과정을 진행한 것이다.

예제 1-10 질량이 100 lb인 물체는 몇 kg의 질량으로 표시되나?

solution lb로 표현되는 FPS 단위체계를 MKS 단위체계인 kg으로 환산하는 문제이므로 두 단위체계의 환산인자인 1 lb = 454 g = 0.454 kg을 사용하여 구할 수 있다.

$$100\ \text{lb} = 100\ \text{lb} \times \boxed{\frac{0.454\ \text{kg}}{1\ \text{lb}}} = 45.4\ \text{kg}$$

(5) 속도의 단위 환산

지금까지 살펴본 단위 환산은 하나의 단위를 가진 경우에 대해서 알아보았다. 그러나 소방에서 사용되는 단위 중에는 단위가 두 개 이상으로 구성된 것들이 있다. 그중에서 길이와 시간의 단위를 동시에 가지고 있는 속도의 단위 환산 과정을 통해서 2개 이상의 단위를 가지고 있는 것들의 단위 환산 관계를 살펴보자

예를 들어, 10 m/min라는 속도를 ft/s의 단위로 환산하는 방법에 대해서 살펴보기로 하자. 우선 m와 ft는 같은 길이의 차원이므로 단위 환산이 가능하다. 또한 min와 s는 같은 시간의 단위이므로 단위를 환산할 수 있다.

단위 환산을 위해서는 단위 환산 인자를 알고 있어야 한다. 즉 1 ft는 0.3048 m라는 단위 환산인자와 1 min은 60 s라는 단위 환산인자를 이용하여 길이와 시간을 각각 단위 환산하여야 한다.

개념정리

속도의 단위 환산 방법

속도의 단위 환산은 길이와 시간의 주어진 단위를 없애고(÷), 새로운 단위를 만드는(×) 과정이다.

즉 $\frac{10\ \text{m}}{\text{min}} = \frac{10\ \text{m}}{\text{min}} \times \boxed{\frac{1\ \text{ft}}{0.3048\ \text{m}}} \times \boxed{\frac{1\ \text{min}}{60\ \text{s}}} = \frac{0.55\ \text{ft}}{\text{s}}$ 에서와 같이

m를 ft의 새로운 단위로 바꾸고, 주어진 시간의 단위인 min를 새로운 시간의 단위인 s로 바꾸는 과정이 동시에 진행되어야 한다.

즉, 길이의 단위 환산인자를 이용하여 $10\ \text{m} \times \boxed{\frac{1\ \text{ft}}{0.3048\ \text{m}}}$가 된다.

더불어 시간의 단위 환산인자인 $\boxed{\frac{1\ \text{min}}{60\ \text{s}}}$를 사용하면 된다.

$$\frac{10\ \text{m}}{\text{min}} = \frac{10\ \text{m}}{\text{min}} \times \boxed{\frac{1\ \text{ft}}{0.3048\ \text{m}}} \times \boxed{\frac{1\ \text{min}}{60\ \text{s}}} = \frac{0.55\ \text{ft}}{\text{s}}$$

즉, 단위 환산 과정에서 보는 바와 같이 주어진 단위계 m/min 에서 m를 ft로 단위 환산하고, min를 s로 단위 환산하면 새로운 단위체계인 ft/s의 값으로 계산된다.

예제 1-11 유속이 $\frac{6.5\text{ m}}{\text{s}}$ 인 유체의 속도를 $\frac{\text{ft}}{\text{min}}$ 로 나타내어라.

solution 기존의 단위인 m/s를 새로운 단위인 ft/min로 환산하는 과정은 다음과 같다.

$$\frac{6.5\text{ m}}{\text{s}} = \frac{6.5\text{ m}}{\text{s}} \times \boxed{\frac{1\text{ ft}}{0.3048\text{ m}}} \times \boxed{\frac{60\text{ s}}{1\text{ min}}} = \frac{1279.5\text{ ft}}{\text{min}}$$

예제 1-12 속도가 $\frac{42.195\text{ km}}{2.1\text{ hr}}$ 로 표시될 때 이 값을 $\frac{\text{m}}{\text{s}}$ 로 나타내어라.

solution 길이의 단위 환산인자인 1 km = 1000 m, 그리고 시간의 단위 환산인자인 1 hr = 3600 s를 사용하여 단위 환산하면 그 결과는 다음과 같다.

$$\frac{42.195\text{ km}}{2.1\text{ hr}} = \frac{42.195\text{ km}}{2.1\text{ hr}} \times \boxed{\frac{1000\text{ m}}{1\text{ km}}} \times \boxed{\frac{1\text{ hr}}{3600\text{ s}}} = \frac{5.58\text{ m}}{\text{s}}$$

보 충 문 제

문제 1-1 마라톤은 42.195 km를 달리는 육상에서 가장 장거리 경주이다. 이 거리를 ft로 환산하면 몇 ft인가?

풀이 길이의 단위 환산 관계에 의하면 1 km는 1000 m이고, 1 ft는 0.3048 m이므로 이 값을 이용하여 단위 환산하면 다음과 같다.

$$42.195\ \text{km} = 42.195\ \text{km} \times \boxed{\frac{1000\ \text{m}}{1\ \text{km}}} \times \boxed{\frac{1\ \text{ft}}{0.3048\ \text{m}}} = 138435.04\ \text{ft}$$가 된다.

문제 1-2 신체 사이즈를 말할 때 inch라는 단위를 자주 사용한다. 24 inch를 m의 단위로 환산하면 몇 m인가?

풀이 길이의 단위 환산 관계에 의하면 1 inch는 2.54 cm이므로 24 inch를 m의 단위로 환산하면

$$24\ \text{inch} = 24\ \text{inch} \times \boxed{\frac{2.54\ \text{cm}}{1\ \text{inch}}} \times \boxed{\frac{1\ \text{m}}{100\ \text{cm}}} = 0.6096\ \text{m}$$가 된다.

문제 1-3 옥내소화전 방수구에 부착된 앵글밸브의 직경이 40 mm이다. 이 값을 다음의 단위로 환산하시오.

① m ② inch ③ ft

풀이 앵글밸브의 직경이 40 mm이므로 환산관계를 이용하면 그 결과는 다음과 같다.

① 길이의 단위 환산 관계에 의하면 1 cm는 10 mm이며, 100 cm는 1 m이므로 40 mm를 m의 단위로 환산하면

$$40\ \text{mm} = 40\ \text{mm} \times \boxed{\frac{1\ \text{cm}}{10\ \text{mm}}} \times \boxed{\frac{1\ \text{m}}{100\ \text{cm}}} = 0.04\ \text{m}$$

② 길이의 단위 환산인자에 의하면 1 inch는 2.54 cm이므로 40 mm를 inch 의 단위로 환산하면

$$40\ \text{mm} = 40\ \text{mm} \times \boxed{\frac{1\ \text{inch}}{25.4\ \text{mm}}} = 1.57\ \text{inch}$$

③ 길이의 단위 환산인자에 의하면 1 ft는 30.48 cm = 0.3048 m의 값을 가지고 있으므로 40 mm를 ft의 단위로 환산하면

$$40\ \text{mm} = 40\ \text{mm} \times \boxed{\frac{1\ \text{m}}{1000\ \text{mm}}} \times \boxed{\frac{1\ \text{ft}}{0.3048\ \text{m}}} = 0.131\ \text{ft}$$

문제 Ⅰ-4 100 ft의 길이 값을 다음의 단위로 환산하시오.

① cm ② inch

풀이 길이가 100 ft이므로 환산관계를 이용하면 그 결과는 다음과 같다.

① 길이의 단위 환산 관계에 의하면 1 ft는 30.48 cm이므로 100 ft를 cm의 단위로 환산하면

$$100\text{ ft} = 100\text{ ft} \times \boxed{\frac{30.48\text{ cm}}{1\text{ ft}}} = 3048\text{ cm}$$

② 길이의 단위 환산인자에 의하면 1 ft는 12 inch이므로 100 ft를 inch의 단위로 환산하면

$$100\text{ ft} = 100\text{ ft} \times \boxed{\frac{12\text{ inch}}{1\text{ ft}}} = 1200\text{ inch}$$

문제 Ⅰ-5 연 면적인 1500 ft^2으로 기록된 소방대상물의 면적을 m^2의 단위로 환산하면 그 값은 얼마인가?

풀이 연 면적이 1500 ft^2 이므로 환산관계를 이용하면 그 결과는 다음과 같다.

길이의 단위 환산 관계에 의하면 1 ft는 0.3048 m이므로 1500 ft^2을 m^2의 단위로 환산하면

$$1500\text{ ft}^2 = 1500\text{ ft}^2 \times \boxed{\left(\frac{0.3048\text{ m}}{1\text{ ft}}\right)^2} = 139.35\text{ m}^2$$ 이 된다.

문제 Ⅰ-6 소화기 설치 기준에 의하면 연 면적 33 m^2 이상인 곳에는 의무적으로 소화기를 설치하도록 되어 있다. 면적 33 m^2 값을 다음의 단위로 환산하시오.

① cm^2 ② $inch^2$

풀이 면적이 33 m^2이므로 환산관계를 이용하면 그 결과는 다음과 같다.

① 길이의 단위 환산 관계에 의하면 1 m는 100 cm이므로 33 m^2을 cm^2의 단위로 환산하면

$$33\text{ m}^2 = 33\text{ m}^2 \times \boxed{\left(\frac{100\text{ cm}}{1\text{ m}}\right)^2} = 33 \times 10^4\text{ cm}^2$$

② 길이의 단위 환산 인자에 의하면 1 inch는 2.54 cm이므로 33 m^2을 $inch^2$의 단위로 환산하면

$$33 \times 10^4\text{ cm}^2 = 33 \times 10^4\text{ cm}^2 \times \boxed{\left(\frac{1\text{ inch}}{2.54\text{ cm}}\right)^2} = 5.12 \times 10^4\text{ inch}^2$$

문제 Ⅰ-7 면적이 100 ft^2인 값을 다음의 단위로 환산하시오.

① cm^2 ② m^2

풀이 면적이 100 ft^2이므로 환산관계를 이용하면 그 결과는 다음과 같다.

① 길이의 단위 환산 관계에 의하면 1 ft는 30.48 cm이므로 100 ft^2을 cm^2의 단위로 환산하면

$$100\ ft^2 = 100\ ft^2 \times \left(\frac{30.48\ cm}{1\ ft}\right)^2 = 92903.04\ cm^2$$

② 길이의 단위 환산인자에 의하면 1 ft는 0.3048 m이므로 100 ft^2을 m^2의 단위로 환산하면

$$100\ ft^2 = 100\ ft^2 \times \left(\frac{0.3048\ m}{1\ ft}\right)^2 = 9.29\ m^2$$

문제 Ⅰ-8 액상 소화약제 130 ℓ가 보관되어 있다. 이 값은 몇 cm^3인가?

풀이 부피가 130 ℓ이므로 환산관계를 이용하면 그 결과는 다음과 같다.
부피의 단위 환산 관계에 의하면 1 ℓ는 1000 cm^3이므로

$$130\ \ell = 130\ \ell \times \frac{1000\ cm^3}{1\ \ell} = 130000\ cm^3 = 1.3 \times 10^5\ cm^3$$

문제 Ⅰ-9 액체의 부피 단위로 cm^3이 사용된다. 1350 cm^3을 다음의 단위로 환산하면 그 값은 얼마가 되는가?

① ft^3 ② ℓ

풀이 부피가 1350 cm^3 이므로 환산관계를 이용하면 그 결과는 다음과 같다.

① 길이의 단위 환산 관계에 의하면 1 ft는 30.48 cm이므로 1350 cm^3을 ft^3의 단위로 환산하면

$$1350\ cm^3 = 1350\ cm^3 \times \left(\frac{1\ ft}{30.48\ cm}\right)^3 = 0.0477\ ft^3$$

② 부피의 단위 환산인자에 의하면 1000 cm^3은 1 ℓ이므로 1350 cm^3을 ℓ의 단위로 환산하면

$$1350\ cm^3 = 1350\ cm^3 \times \frac{1\ \ell}{1000\ cm^3} = 1.35\ \ell$$

문제 Ⅰ-10 화재가 발생한 공간의 부피가 60 m^3이다. 이 값을 다음의 단위로 환산하시오.

① cm^3 ② $inch^3$ ③ ft^3

풀이 부피가 60 m^3이므로 환산관계를 이용하면 그 결과는 다음과 같다.

① 길이의 단위 환산 관계에 의하면 1 m는 100 cm이므로 60 m^3을 cm^3의 단위로 환산하면

$$60\ m^3 = 60\ m^3 \times \boxed{\left(\frac{100\ cm}{1\ m}\right)^3} = 60 \times 10^6\ cm^3 = 6 \times 10^7\ cm^3$$

② 길이의 단위 환산인자에 의하면 1 inch는 2.54 cm이므로 60 m^3을 $inch^3$의 단위로 환산하면

$$60\ m^3 = 60\ m^3 \times \boxed{\left(\frac{100\ cm}{1\ m}\right)^3} \times \boxed{\left(\frac{1\ inch}{2.54\ cm}\right)^3} = 0.367 \times 10^7\ inch^3$$

③ 길이의 단위 환산인자에 의하면 1 ft는 0.3048 m의 값을 가지고 있으므로 60 m^3을 ft^3의 단위로 환산하면

$$60\ m^3 = 60\ m^3 \times \boxed{\left(\frac{1\ ft}{0.3048\ m}\right)^3} = 2118.9\ ft^3$$

문제 I-11 소방용 산소 봄베의 질량이 25 lb라면 이 질량 값을 kg으로 표시하면 몇 kg인가?

풀이 lb로 표현되는 단위체계를 kg으로 환산하는 문제이므로 두 단위체계의 환산인자인 1 lb = 454 g = 0.454 kg을 사용하여 구할 수 있다.

$$25\ lb = 25\ lb \times \boxed{\frac{0.454\ kg}{1\ lb}} = 11.35\ kg$$

문제 I-12 780 g을 lb 값으로 표시하면 몇 lb인가?

풀이 g으로 표현되는 단위체계를 lb로 환산하는 문제이므로 두 단위체계의 환산인자인 1 lb = 454 g를 사용하여 구할 수 있다.

$$780\ g = 780\ g \times \boxed{\frac{1\ lb}{454\ g}} = 1.72\ lb$$

문제 I-13 유체의 흐름속도가 5.8 ft/min 로 표시된 설비가 있다. 이 설비의 흐름속도를 m/s로 환산하면 그 값은 얼마인가?

풀이 주어진 조건에서 길이의 단위인 ft를 m로, 그리고 시간 단위인 min를 s로 단위 환산하는 문제이다. 새로운 단위체계로 환산하는 과정은 다음과 같다.

시간의 단위 환산인자인 1 min는 60 s이고, 길이의 단위 환산인자인 1 ft는 0.3048 m이므로

$$\frac{5.8\ \text{ft}}{\text{min}} = \frac{5.8\ \text{ft}}{\text{min}} \times \boxed{\frac{1\ \text{min}}{60\ \text{s}}} \times \boxed{\frac{0.3048\ \text{m}}{1\ \text{ft}}} = \frac{0.03\ \text{m}}{\text{s}}$$

문제 I-14 유체의 흐름량을 130 ℓ/min 로 표시하면, 이 값을 m^3/s로 환산하면 그 값은 얼마인가?

풀이 주어진 조건에서 부피의 단위인 ℓ를 m^3으로, 그리고 시간 단위인 min를 s로 단위 환산하는 문제이다. 새로운 단위체계로 환산하는 과정은 다음과 같다. 시간의 단위 환산인자인 1 min는 60 s이고, 부피의 단위 환산인자인 1 m^3은 1000 ℓ이므로

$$\frac{130\ \ell}{\text{min}} = \frac{130\ \ell}{\text{min}} \times \boxed{\frac{1\ \text{min}}{60\ \text{s}}} \times \boxed{\frac{1\ \text{m}^3}{1000\ \ell}} = \frac{2.17\times 10^{-3}\ \text{m}^3}{\text{s}}$$

문제 I-15 국가화재 안전기준(NFSC)에 의하면 옥내소화전설비에서의 소방용수의 유속은 $\frac{3\ \text{m}}{\text{s}}$ 이상 유지하도록 규정되어 있다. 이 유속 값을 다음의 단위로 환산하면 그 값은 얼마인가?

① m/min ② cm/s ③ ft/min

풀이 기존의 단위인 m/s를 새로운 단위체계로 환산하는 과정은 다음과 같다.

① 시간의 단위 환산인자인 1 min는 60 s이므로 m/s의 단위를 m/min로 환산하면

$$\frac{3\ \text{m}}{\text{s}} = \frac{3\ \text{m}}{\text{s}} \times \boxed{\frac{60\ \text{s}}{1\ \text{min}}} = \frac{180\ \text{m}}{\text{min}}$$

② 길이의 단위 환산인자인 1 m는 100 cm이므로 m/s의 단위를 cm/s로 환산하면

$$\frac{3\ \text{m}}{\text{s}} = \frac{3\ \text{m}}{\text{s}} \times \boxed{\frac{100\ \text{cm}}{1\ \text{m}}} = \frac{300\ \text{cm}}{\text{s}}$$

③ 길이의 단위 환산인자인 1 ft는 0.3048 m이고, 시간의 단위 환산인자인 1 min는 60 s이므로 m/s의 단위를 ft/min로 환산하면

$$\frac{3\ \text{m}}{\text{s}} = \frac{3\ \text{m}}{\text{s}} \times \boxed{\frac{1\ \text{ft}}{0.3048\ \text{m}}} \times \boxed{\frac{60\ \text{s}}{1\ \text{min}}} = \frac{590.55\ \text{ft}}{\text{min}}$$

Chapter 2

차원과 물리적 특성

소방을 비롯한 공학 분야를 공부하다 보면 내용을 쉽게 설명하기 위해서 많은 식을 사용하는 것을 볼 수 있다. 이런 식들에 대한 학습을 하다보면 한 가지 공통점을 알 수 있게 된다. 바로 그 식에 사용되고 있는 기호의 물리적인 의미와 차원을 알게 되면 식에 대한 이해가 훨씬 쉽다는 것이다. 그것은 차원(Dimension)을 바탕으로 식이 만들어지기 때문이다. 따라서 차원에 대한 이해는 물리적인 특성에 대한 이해 뿐 아니라 현상전체에 대한 이해를 위해서 매우 중요하다. 그런 이유로 여기서는 차원에 대한 이해와 더불어 소방에서 사용되는 물리적인 특성을 차원을 이용하여 쉽게 이해할 수 있도록 차원과 물리적 특성에 대해서 살펴보기로 하자.

2-1 차원

앞서 여러 가지 물리적 특성을 나타내는 값을 길이, 시간, 질량 등과 같은 개념으로 표현하는 것을 "**차원(dimension)**"이라 한다고 하였다.

표 2-1에 길이(length)의 기본단위를 m, 질량(mass)의 기본 단위가 kg, 그리고 시간(time)의 기본단위가 s인 MKS 단위계의 차원에 대해 나타내었다. 차원은 물성치의 영어 단어의 첫 글자를 사용하여 표기한다.

표 2-1 MKS 단위계의 차원

종류	길이	질량	시간
단위	m	kg	s (sec)
차원	L (Length)	M (Mass)	T (Time)

모든 물성치(Physical Properties)는 차원이라고 하는 포괄적인 개념으로 표현하고 있다. 따라서 여기서 차원의 표현방법에 대하여 간단히 살펴보기로 하자.

차원의 가장 기본적인 개념인 길이(length)와 질량(mass) 그리고 시간(time)으로부터 다음과 같은 몇 가지 물리적인 개념을 표현할 수 있다.

길이로부터 면적이라는 차원과 부피라는 차원이 결정되며, 질량으로부터 모든 물질이 지니는 힘을 표시할 수 있다.

또한 시간의 개념으로부터 물질의 이동에 따라서 발생하는 여러 가지 현상을 설명할 수 있게 해준다. 이러한 차원에 대하여 구체적으로 살펴보기로 하자.

차원의 표시는 영어의 첫 글자를 이용하여 표현하는 것을 원칙으로 한다. 소방과 관련된 학문분야에서 널리 사용되는 차원에 대하여 표 2-2에 나타내었다.

차원은 길이(L), 질량(M), 및 시간(T) 등의 기본개념을 가지고 각각의 개념에 알맞은 가장 간단한 기호로 표현하는 방법이라고 할 수 있다. 소방에서 사용되는 차원에는 길이([L]), 질량([M]), 시간([T])이 사용된다.

표 2-2 길이와 관련된 차원

차원의 종류	1차원	2차원	3차원
종류	길이(Length)	면적(Area)	부피(Volume)
단위	m, cm	m^2, cm^2	m^3, cm^3
차원	[L]	$[L^2]$	$[L^3]$
기호	L	A	V

2-2 기본 단위의 차원

차원은 그 물리량을 길이(Length), 질량(Mass), 시간(Time)의 개념으로 표현한 값을 이용하여 기본 개념 중에 있는 길이, 질량, 시간을 의미하는 영어 단어의 첫 글자인 L, M, T 등을 사용하는 것을 원칙으로 하고 있다. 차원의 표시는 영어 단어 대문자로 표기하며 [L], [M], [T]처럼 표기한다.

2-2-1 길이와 관련된 차원

① 길이의 차원

길이의 차원 표현 방법은 길이를 의미하는 영어 단어인 Length의 첫 글자인 L을 사용하여 [L]로 표기한다.

기본 개념	길이의 차원	길이의 기본 단위
	[L]	m

② 면적의 차원

길이의 제곱근을 의미하는 면적(Area)의 차원 표현 방법은 (길이)^{2}을 의미하므로 길이를 의미하는 영어 단어인 Length의 첫 글자인 L을 사용하여 [L^2]와 같이 표기한다.

기본 개념	면적의 차원	면적의 기본 단위
	[L^2]	m^2

③ 부피의 차원

길이의 세제곱근을 의미하는 부피(Volume)의 차원 표현 방법은 (길이)^{3}을 의미하므로 길이를 의미하는 영어 단어인 Length의 첫 글자인 L을 사용하여 [L^3]와 같이 표기한다.

기본 개념	부피의 차원	부피의 기본 단위
	[L^3]	m^3

2-2-2 시간의 차원

시간을 나타내는 단위체계는 s, min, hr 등이 사용되는데 모두 시간을 의미하는 Time의 첫 글자인 [T]로 차원을 표기한다.

기본 개념	시간의 차원	시간의 기본 단위
	[T]	s

2-2-3 질량의 차원

질량을 나타내는 단위체계는 kg, g, lb 등이 사용되는데 모두 질량을 의미하는 Mass의 첫 글자인 [M]로 차원을 표기한다.

기본 개념	질량의 차원	질량의 기본 단위
	[M]	kg

예제 2-1 질량의 차원을 힘의 개념으로 나타내어라.

solution 질량의 차원을 힘으로 나타내기 위해서는 힘과 질량 사이의 관계식인 $F=mg$을 이용하면 쉽게 나타낼 수 있다. 즉 $F=mg$에서 $m=\dfrac{F}{g}$이므로 질량의 차원을 힘으로 표기하면 다음과 같다.

$m(\text{질량})=\dfrac{F\ (\text{힘})}{g\ (\text{중력가속도})}$이므로 $\text{질량의 차원}=\dfrac{\text{힘의 차원}}{\text{중력가속도의 차원}}$이 된다.

힘(F)의 차원은 [F]로 나타내고, 중력가속도의 차원은 $[LT^{-2}]$이므로 질량을 힘으로 나타낸 차원은 $\dfrac{[F]}{[LT^{-2}]}=[FL^{-1}T^{2}]$이 된다.

표 2-3 기본단위의 차원

물리량	기호	기본 차원	힘으로 표기한 차원
길 이	L	[L]	[L]
질 량	M	[M]	$[FL^{-1}T^{2}]$
시 간	T	[T]	[T]

2-3 유도단위의 차원

길이(Length), 질량(Mass), 시간(Time)의 개념을 복합적으로 함유하고 있는 유도단위에 대한 차원의 표기 방법은 기본 단위에 대한 차원의 표기방법과 같이 물리적인 의미인 길이, 질량, 시간을 의미하는 영어 단어의 첫 글자인 L, M, T 등을 사용하여 나타낸다.

2-3-1 속도와 관련된 차원

① 속도의 차원

속도는 일정시간 동안에 이동한 길이를 의미한다. 따라서 속도에 대한 차원도 시간과 길이 값으로 나타낸다.

$$속도 = \frac{길이(Length)}{시간(Time)} = \left[\frac{L}{T}\right] = [LT^{-1}]$$

속도	속도의 정의	기본 단위	차원
	일정시간 동안에 이동한 길이	$\frac{m}{s}$	$[LT^{-1}]$

② 가속도의 차원

가속도는 시간에 따라 속도가 변하는 정도를 나타내는 물리량이다. 따라서 가속도에 대한 차원도 시간과 거리 값으로 나타낸다.

$$가속도 = \frac{속도(Length/Time)}{시간(Time)} = \left[\frac{L}{T}\right] \times \left[\frac{1}{T}\right] = \left[\frac{L}{T^2}\right] = [LT^{-2}]$$

가속도	가속도의 정의	가속도 기본 단위	가속도 차원
	시간에 따라 속도가 변하는 정도	$\frac{m}{s^2}$	$[LT^{-2}]$

표 2-4 속도관련 물리량의 차원

물리량	기호	기본 차원	힘으로 표기한 차원
속도	U	$[LT^{-1}]$	$[LT^{-1}]$
가속도	a(g)	$[LT^{-2}]$	$[LT^{-2}]$

2-3-2 힘과 관련된 차원

① 힘(Force)의 차원

뉴톤의 운동 2법칙에 의하면 "외부의 힘이 물체에 작용하면 힘의 방향으로 물체의 가속도가 생긴다."고 하였다. 이 이론으로부터 힘은 질량에 가속도가 가해진 값으로 정의할 수 있다.

$$힘 = 질량 \times 가속도 = 질량(M) \times \frac{속도(L/T)}{시간(T)} = \left[M \times \frac{L}{T^2}\right] = [MLT^{-2}]$$

$$힘 = \left[M \times \frac{L}{T^2}\right] = [MLT^{-2}] = [F]$$

질량[M]과 가속도[L/T^2]의 곱의 값으로 정의되는 힘[F]에 대한 차원 및 단위에 대해 표 2-5에 나타내었다. 힘의 정의가 질량[M]과 가속도[L/T^2]의 곱으로 정의되므로 차원은 [ML/T^2]으로 표시된다.

표 2-5 힘의 개념 및 차원 그리고 단위

힘(F)	개념	질량[M]과 가속도[L/T^2]의 곱
	차원	질량[M]과 가속도[L/T^2]의 곱이므로 [ML/T^2]
	기본 단위	kg·m/s^2 = N

힘의 차원 및 기본 단위	힘의 차원		힘의 기본 단위
	$[MLT^{-2}]$	$[F]$	N

예제 2-2 질량을 [M], 길이를 [L] 그리고 시간을 [T]라고 할 때 힘(Force)의 차원은 어떻게 표현하는가?

solution 힘 (Force)의 차원

$$힘 = 질량(M) \times 가속도(L/T^2) = \left[M \times \frac{L}{T^2}\right] = [MLT^{-2}]$$

② 일(Work)의 차원

일은 외력이 일정하면 길이와 경로를 따라서 작용하는 힘의 성분을 곱하여 계산된다. 일은 힘에 길이변화가 가해진 값으로 정의할 수 있다.

$$일 = 힘 \times 길이 = 질량(M) \times \frac{속도(L/T)}{시간(T)} \times (길이(L)) = \left[M \times \frac{L^2}{T^2}\right] = [ML^2T^{-2}]$$

$$일 = [ML^2T^{-2}] = [FL]$$

힘에 길이의 변화가 존재할 때 발생하는 값으로 정의되는 일에 대한 차원 및 단위에 대해 표 2-6에 나타내었다. 일의 차원은 [FL]이 된다.

표 2-6 일의 개념 및 차원 그리고 단위

일(W)	개념	힘에 길이의 변화가 존재할 때 발생하는 값
	차원	일을 차원의 형태로 나타내면 [FL]
	기본 단위	N·m = J

일의 차원 및 기본 단위	일의 차원		일의 기본 단위
	$[ML^2T^{-2}]$	[FL]	N·m = J

예제 2-3 질량을 [M], 길이를 [L] 그리고 시간을 [T]라고 할 때 일(Work)의 차원은 어떻게 표현하는가?

solution

일 (Work)의 차원

$$일 = 힘 \times 길이 = 질량(M) \times \frac{속도\ (L/T)}{시간\ (T)} \times (길이(L)) = \left[M \times \frac{L^2}{T^2}\right] = [ML^2T^{-2}]$$

$$일 = [ML^2T^{-2}] = [FL]$$

③ 일률(Power)의 차원

일률은 일의 양 이나 전달된 에너지를 시간 간격 T로 나눈 값, 즉 W/T로 나타낸다. 같은 양의 일을 일률이 낮은 전동기를 사용하면 시간이 오래 걸리고, 일률이 높은 전동기를 사용하면 짧은 시간에 할 수 있다.

일률의 단위는 일(또는 에너지)을 단위시간으로 나눈 것으로 J/s 또는 W(와트)를 사용하거나, 물체를 움직이기 위하여 가한 힘과 물체가 힘의 방향으로 움직이는 속도를 곱한 양으로 나타낼 수 있다. 힘 F의 크기가 N(뉴턴) 단위이고 속도 U가 m/s 단위라면 일률은 FU가 되며 단위는 W이다.

$$일률 = \frac{일}{시간} = \frac{\left[M \times \frac{L^2}{T^2}\right]}{[T]} \equiv \left[M \times \frac{L^2}{T^3}\right] = [ML^2T^{-3}] = [FLT^{-1}]$$

일률의 차원 및 기본 단위	일률의 차원		일률의 기본 단위
	$[ML^2T^{-3}]$	$[FLT^{-1}]$	$\frac{J}{s} = W$

④ 운동량(Momentum)의 차원

뉴턴의 제2법칙에 따르면 "운동량의 시간 변화율은 입자에 작용하는 힘에 비례한다."고 하였다. 이 이론으로부터 운동량은 힘에 시간이 가해진 값으로 정의할 수 있다.

$$운동량 = 힘 \times 시간 = \left[M \times \frac{L}{T^2}\right] \times [T] = [MLT^{-1}] = [FT]$$

운동량의 차원 및 기본 단위	운동량의 차원		운동량의 기본 단위
	$[MLT^{-1}]$	$[FT]$	N·s

예제 2-4 질량을 [M], 길이를 [L] 그리고 시간을 [T]라고 할 때 운동량(Momentum)의 차원은 어떻게 표현하는가?

solution 뉴턴의 제2법칙에 따르면 운동량은 힘에 시간이 가해진 값으로 정의할 수 있다.

$$운동량 = 힘 \times 시간 = \left[M \times \frac{L}{T^2}\right] \times [T] = [MLT^{-1}]$$

표 2-7 힘 단위계의 차원

물리적 특성 값		기호	기본 차원	힘으로 표기한 차원
힘의 단위	힘	F	$[MLT^{-2}]$	$[F]$
	일	W	$[ML^2T^{-2}]$	$[FL]$
	일률		$[ML^2T^{-3}]$	$[FLT^{-1}]$
	운동량		$[MLT^{-1}]$	$[FT]$

예제 2-5 일률(Power)의 차원을 힘의 개념으로 나타내어라.

solution 일률(Power)이란 일(W)을 시간으로 나눈 값을 의미한다.

일률 = 일/시간이므로 일의 차원과 시간의 차원으로부터 일률의 차원을 구하면 다음과 같다.

일을 힘의 차원으로 나타내면 [FL]이 되며, 시간의 차원은 [T]이므로

일률의 차원은 $[FL] \times \frac{1}{[T]} = [FLT^{-1}]$이 된다.

예제 2-6 질량을 [M], 길이를 [L] 그리고 시간을 [T]라고 할 때 시간당 에너지 값으로 정의되는 일률의 차원은 어떻게 표현하는가?

solution

일률 차원

$$\text{일률} = \frac{\text{에너지}}{\text{시간}} = \frac{\text{힘} \times \text{거리}}{\text{시간}} = \frac{\text{질량} \times \text{가속도} \times \text{거리}}{\text{시간}} \text{가 된다.}$$

이 값을 차원으로 나타내면 다음과 같다

$$\text{일률} = \frac{[M] \times \left[\frac{L}{T^2}\right] \times [L]}{[T]} = \left[\frac{ML^2}{T^3}\right] = [ML^2T^{-3}]\text{가 된다.}$$

2-3-3 기타 물리량의 차원

① 밀도(Density, ρ)의 차원

밀도는 물질의 일정 부피당 질량의 비를 의미한다. 즉 밀도 $= \frac{\text{질량}}{\text{부피}}$ 로 표시된다.

이러한 의미를 가진 밀도의 기본 차원은 $\frac{[M]}{[L^3]} = [ML^{-3}]$으로 표시된다.

단위 부피(unit volume, L^3) 당 차지하는 질량(mass, M)값으로 정의되는 밀도에 대한 차원 및 단위에 대해 표 2-8에 나타내었다.

표 2-8 밀도의 개념 및 차원 그리고 단위

밀도 (ρ)	개념	단위 부피(unit volume, L^3) 당 차지하는 질량(mass, M)값
	차원	질량/부피의 개념이 되므로 차원으로 $\left[\frac{M}{L^3}\right]$ 또는 $[ML^{-3}]$
	기본 단위	$\frac{kg}{m^3}$

밀도의 정의가 밀도$(\rho) = \frac{\text{질량}(m)}{\text{부피}(V)}$ 이므로 이것을 힘(F)의 차원으로 나타내기 위해서는 먼저 질량(m)을 힘(F)의 차원으로 어떻게 나타내는가를 살펴보기로 하자.

힘의 정의 $F = mg$ 에서 $m = \frac{F}{g}$가 되어 질량의 차원은 $\frac{[F]}{[LT^{-2}]} = [FL^{-1}T^2]$

이 된다. 그러므로 밀도를 힘의 형태의 차원 값으로 표시하면 다음과 같이 나타낼 수 있다.

$\rho = \frac{m}{V}$ 와 $F = mg$ 에서 $m = \frac{F}{g}$ 이므로 이 값으로부터 $\rho = \frac{m}{V} = \frac{1}{V} \times \frac{F}{g}$ 가 된다.

부피 V의 차원은 $[L^3]$, 힘의 차원은 [F], 그리고 중력가속도 g의 차원은 $[LT^{-2}]$ 이므로 이 값을 정리하면 밀도의 차원은

$$\rho = \frac{m}{V} = \frac{1}{V} \times \frac{F}{g} \text{ 에서}$$

$$\rho = \frac{m}{V} = \frac{1}{[L^3]} \times \frac{[F]}{[LT^{-2}]} = \frac{[F]}{[L^4T^{-2}]} = [FL^{-4}T^2] \text{ 가 된다.}$$

밀도의 차원	기본 차원	힘으로 표기한 차원
	$[ML^{-3}]$	$[FL^{-4}T^2]$

예제 2-7 밀도의 차원을 힘의 개념으로 나타내어라.

solution

밀도는 단위 부피당 차지하고 있는 물질의 질량을 의미하므로 밀도의 차원을 힘으로 나타내기 위해서는 힘(F)과 질량(m) 사이의 관계식인 $F = mg$ 을 이용하면 쉽게 나타낼 수 있다. 즉 $F = mg$ 에서 $m = \frac{F}{g}$ 이므로 질량(m)의 차원을 힘으로 표기하면 다음과 같다.

$$m(\text{질량}) = \frac{F\ (\text{힘})}{g\ (\text{중력가속도})} \text{ 이므로 질량의 차원} = \frac{\text{힘의 차원}}{\text{중력가속도의 차원}} \text{ 이 된다.}$$

힘(F)의 차원은 [F]로 나타내고, 중력가속도의 차원은 $[LT^{-2}]$이므로 질량(m)을 힘으로 나타낸 차원은 $\frac{[F]}{[LT^{-2}]} = [FL^{-1}T^2]$ 이 된다.

여기서 부피(V)의 차원은 $[L^3]$이므로 밀도의 차원을 힘으로 표시하면 다음과 같다.

$$\rho(\text{밀도}) = \frac{m\ (\text{질량})}{V\ (\text{부피})} \text{ 이므로 밀도의 차원은 } \frac{[FL^{-1}T^2]}{[L^3]} = [FL^{-4}T^2] \text{ 이 된다.}$$

② 압력(Pressure, P)의 차원

②-1. 힘의 개념으로 압력의 차원

압력에 대한 정의는 2가지로 구분된다. 하나는 단위 면적(A)당 가해진 힘(F)으로 정의되는 힘의 개념 $P=\dfrac{F}{A}$ 이고, 다른 하나는 정지된 유체의 경우 그 유체가 가지고 있는 고유한 물성치인 밀도(ρ)와 높이(h)에 의해 결정되는 높이의 개념인 $P=\rho g h$ 로 정의된다.

단위면적(unit area, $A[L^2]$)에 가해진 힘(force, F)으로 정의되는 압력에 대한 차원 및 단위에 대해 표 2-9에 나타내었다. 압력의 정의가 $\left(\dfrac{힘}{면적}\right)$이므로 압력의 차원은 $[FL^{-2}]$가 된다.

표 2-9 압력의 개념 및 차원 그리고 단위

압력(P)	개념	단위면적(unit area, $A[L^2]$)에 가해진 힘(force, F)
	차원	압력의 차원은 $\dfrac{힘}{면적}=\left[\dfrac{F}{L^2}\right]$ 으로 또는 $[FL^{-2}]$가 된다.
	기본 단위	$\dfrac{N}{m^2}$

②-2. 질량의 개념으로 압력의 차원

$압력=\dfrac{힘}{면적}\dfrac{[F]}{[L^2]}$에서 힘($F$)은 $F=mg$에서 힘(F)의 차원은 $[M][LT^{-2}]$이고 면적의 차원은 $[L^2]$이므로

압력의 차원은 $P=\dfrac{F}{A}=\dfrac{[MLT^{-2}]}{[L^2]}=[ML^{-1}T^{-2}]$가 된다.

$압력=\rho gh$에서 밀도(ρ)의 차원은 $\dfrac{[M]}{[L^3]}$이고 중력가속도 g의 차원은 $\dfrac{[L]}{[T^2]}$이고, 높이 h의 차원은 $[L]$이므로 압력의 차원은

$$P=\frac{[M]}{[L^3]}\frac{[L]}{[T^2]}[L]=\frac{[ML^2]}{[L^3T^2]}=\frac{[M]}{[LT^2]}=[ML^{-1}T^{-2}]\text{가 된다.}$$

예제 2-8 압력의 차원을 힘의 개념으로 나타내어라.

solution 압력을 힘으로 나타내면 단위면적당 가해진 힘이라고 할 수 있다.

즉 $P=\dfrac{F}{A}$이므로 압력의 차원을 힘으로 표기하면 다음과 같다.

힘(F)의 차원은 [F]로 나타내고, 면적(A)의 차원은 [L^2]이므로 압력(P)을 힘으로 나타낸 차원은 $\dfrac{[F]}{[L^2]}=[FL^{-2}]$이 된다.

표 2-10 유도단위의 차원

물리적 특성 값		기호	기본 차원	힘으로 표기한 차원
유도 단위	밀도	ρ	$[ML^{-3}]$	$[FT^2L^{-4}]$
	압력	P	$[ML^{-1}T^{-2}]$	$[FL^{-2}]$
	비중량	γ	$[ML^{-2}T^{-2}]$	$[FL^{-3}]$
	비체적	$\overline{V}$	$[L^3M^{-1}]$	$[L^4F^{-1}T^{-2}]$
	점도	μ	$[ML^{-1}T^{-1}]$	$[FL^{-2}T]$
	동점도	ν	$[L^2T^{-1}]$	$[L^2T^{-1}]$

보 충 문 제

문제 II-1 점도의 차원은 점도 $= \dfrac{질량}{거리 \cdot 시간}$ 이므로 $\left[\dfrac{M}{L \cdot T}\right] = [ML^{-1}T^{-1}]$이 된다. 이 값을 힘의 차원(중력의 차원)형태로 표현하면 어떻게 되는가?

풀이 점도의 차원은 점도 $= \dfrac{질량}{거리 \cdot 시간}$ 이므로 $\left[\dfrac{M}{L \cdot T}\right] = [ML^{-1}T^{-1}]$이 된다.

여기서 질량의 차원을 힘으로 나타내기 위해서는 힘과 질량 사이의 관계식인 $F = mg$을 이용하면 쉽게 나타낼 수 있다. 즉 $F = mg$에서 $m = \dfrac{F}{g}$이므로 질량의 차원을 힘으로 표기하면 다음과 같다.

$m(질량) = \dfrac{F\ (힘)}{g\ (중력가속도)}$이므로 질량의 차원 $= \dfrac{힘의\ 차원}{중력가속도의\ 차원}$이 된다.

힘(F)의 차원은 [F]로 나타내고, 중력가속도의 차원은 $[LT^{-2}]$이므로 질량을 힘으로 나타낸 차원은 $[M] = \dfrac{[F]}{[LT^{-2}]} = [FL^{-1}T^{2}]$이 된다.

따라서 점도의 차원을 힘의 차원의 형태로 나타내면 다음과 같다.

점도의 차원은 $\left[\dfrac{M}{L \cdot T}\right] = [ML^{-1}T^{-1}]$에서 $[M] = [FL^{-1}T^{2}]$이므로

$$\left[\frac{M}{L \cdot T}\right] = [ML^{-1}T^{-1}] = [FL^{-1}T^{2}L^{-1}T^{-1}] = [FL^{-2}T^{1}]$$

문제 II-2 W는 일을 의미하고, P는 압력을 그리고 V는 부피를 의미한다. 여기서 $W = PV$가 성립하는 것을 차원을 이용해서 설명하여라.

풀이 ① 일 (Work)의 차원

$$일 = 힘 \times 길이 = 질량(M) \times \frac{속도(L/T)}{시간(T)} \times (길이(L)) = \left[M \times \frac{L^2}{T^2}\right] = [ML^2T^{-2}]$$

$$일 = [ML^2T^{-2}] = [FL]$$

② 힘의 개념으로의 압력의 차원

압력의 차원은 $P = \dfrac{F}{A} = \dfrac{[MLT^{-2}]}{[L^2]} = [ML^{-1}T^{-2}]$가 된다.

③ 부피의 차원

부피의 차원 $[L^3]$와 같이 표기한다.

여기서 PV의 차원을 살펴보면
$[ML^{-1}T^{-2}] \times [L^3] = [ML^2T^{-2}]$이 되어 일($W$)의 차원 $[ML^2T^{-2}] = [FL]$와 같으므로 식 $W = PV$가 성립한다고 할 수 있다.

문제 II-3 관성력 대 점성력의 비로 정의되는 레이놀즈번호(N_{Re})는 $N_{Re} = \dfrac{\rho UD}{\mu}$로 표시된다. 이 식으로부터 차원 해석을 통해 레이놀즈번호(N_{Re})는 무차원수 임을 설명하여라.

풀이 $N_{Re} = \dfrac{\rho UD}{\mu}$에서 ρ는 밀도, U는 속도, D는 직경 그리고 μ는 점도를 의미한다.

① 밀도의 차원은 밀도 $= \dfrac{\text{질량}}{\text{부피}}$이므로 $\left[\dfrac{M}{L^3}\right] = [ML^{-3}]$이 된다.

② 속도의 차원은 속도 $= \dfrac{\text{거리}}{\text{시간}}$이므로 $\left[\dfrac{L}{T}\right] = [LT^{-1}]$이 된다.

③ 직경의 차원은 [L]이 된다.

④ 점도의 차원은 점도 $= \dfrac{\text{질량}}{\text{거리}\cdot\text{시간}}$이므로 $\left[\dfrac{M}{L\cdot T}\right] = [ML^{-1}T^{-1}]$이 된다.

따라서 $N_{Re} = \dfrac{\rho UD}{\mu}$에서 N_{Re}의 차원은 다음과 같다.

$$N_{Re} = \frac{\rho UD}{\mu} = \frac{[ML^{-3}] \times [LT^{-1}] \times [L]}{[ML^{-1}T^{-1}]} = \left[\frac{M}{L^3}\right] \times \left[\frac{L}{T}\right] \times [L] \times \left[\frac{LT}{M}\right] = [-]$$

즉 레이놀즈번호는 차원이 없는 무차원수로 단위가 없는 값이다.

문제 II-4 $H = \dfrac{U^2}{2g}$로 나타내는 식에서 H의 의미에 대해서 차원을 이용하여 설명하여라.

풀이 $H = \dfrac{U^2}{2g}$에서 U는 속도, g는 중력가속도이므로

① 속도의 차원은 속도 $= \dfrac{\text{길이}}{\text{시간}}$이므로 $\left[\dfrac{L}{T}\right] = [LT^{-1}]$이 된다.

② 중력가속도의 차원은 중력가속도 $= \dfrac{\text{길이}}{(\text{시간})^2}$이므로 $\left[\dfrac{L}{T^2}\right] = [LT^{-2}]$이 된다.

따라서 $\dfrac{U^2}{2g}$의 차원은 다음과 같다.

$$\frac{U^2}{2g} = \frac{\left[\left(\frac{L}{T}\right)^2\right]}{\left[\frac{L}{T^2}\right]} = \left[\frac{L^2}{T^2}\right] \times \left[\frac{T^2}{L}\right] = [L]$$

즉 H는 길이[L]를 의미하는 값이다.

문제 II-5 운동 에너지(E_K)는 $E_K = \dfrac{mU^2}{2}$로 나타낸다. 운동 에너지의 차원을 기본차원과 힘의 차원의 형태로 나타내어라.

풀이 운동 에너지(E_K) $E_K = \dfrac{mU^2}{2}$에서 U는 속도, m은 질량을 의미한다.

① 속도의 차원은 속도 $=\dfrac{\text{길이}}{\text{시간}}$이므로 $\left[\dfrac{\mathrm{L}}{\mathrm{T}}\right] = [\mathrm{LT}^{-1}]$이 된다.

② 질량의 차원은 [M]이 된다.

따라서 운동 에너지(E_K)는 $E_K = \dfrac{mU^2}{2}$의 차원은 다음과 같다.

기본차원으로는 $E_K = \dfrac{mU^2}{2} = \left[\mathrm{M}\left(\dfrac{\mathrm{L}}{\mathrm{T}}\right)^2\right] = \left[\mathrm{M}\dfrac{\mathrm{L}}{\mathrm{T}^2}\mathrm{L}\right] = [\mathrm{ML}^2\mathrm{T}^{-2}]$

힘의 차원으로는 $E_K = \dfrac{mU^2}{2} = \left[\mathrm{M}\left(\dfrac{\mathrm{L}}{\mathrm{T}}\right)^2\right] = \left[\mathrm{M}\dfrac{\mathrm{L}}{\mathrm{T}^2}\mathrm{L}\right] = [\mathrm{FL}]$이 된다.

문제 II-6 위치 에너지(E_P)는 $E_P = mgh$로 나타낸다. 여기서 m은 질량, g는 중력가속도, 그리고 h는 높이이다. 위치 에너지의 차원을 기본차원과 힘의 차원의 형태로 나타내어라.

풀이 위치 에너지(E_P)는 $E_P = mgh$에서 m은 질량, g는 중력가속도, 그리고 h는 높이를 의미한다.

① 가속도 g의 차원은 가속도 $=\dfrac{\text{길이}}{(\text{시간})^2}$이므로 $\left[\dfrac{\mathrm{L}}{\mathrm{T}^2}\right] = [\mathrm{LT}^{-2}]$이 된다.

② 질량의 차원은 [M]이 된다.

③ 높이 h의 차원은 [L]이 된다.

따라서 위치 에너지(E_P) $E_P = mgh$의 차원은 다음과 같다.

기본차원으로는 $E_P = mgh = [\mathrm{M}] \times \left[\dfrac{\mathrm{L}}{\mathrm{T}^2}\right] \times [\mathrm{L}] = \left[\dfrac{\mathrm{ML}^2}{\mathrm{T}^2}\right] = [\mathrm{ML}^2\mathrm{T}^{-2}]$

힘의 차원으로는 $E_P = mgh = [\mathrm{M}] \times \left[\dfrac{\mathrm{L}}{\mathrm{T}^2}\right] \times [\mathrm{L}] = [\mathrm{FL}]$

문제 II-7 유체가 이동할 때 발생하는 힘에 대한 식으로 $F = ma = \rho QU$형태의 식이 사용된다. 여기서 F는 힘을 의미하고, m은 질량, a는 가속도, Q는 유량, ρ는 밀도, 그리고 U는 속도를 의미한다. 차원을 이용해서 $ma = \rho QU$가 성립함을 보여라.

풀이 주어진 조건에서 F는 힘을 의미하고, m은 질량, a는 가속도, Q는 유량, ρ는 밀도, 그리고 U는 속도를 의미한다. 이들 값을 차원으로 나타내면 다음과 같다.

① 속도 U의 차원은 속도 $= \dfrac{\text{길이}}{\text{시간}}$ 이므로 $\left[\dfrac{\mathrm{L}}{\mathrm{T}}\right] = [\mathrm{LT}^{-1}]$이 된다.

② 질량 m의 차원은 [M]이 된다.

③ 가속도 a의 차원은 가속도 $= \dfrac{\text{길이}}{(\text{시간})^2}$ 이므로 $\left[\dfrac{\mathrm{L}}{\mathrm{T}^2}\right] = [\mathrm{LT}^{-2}]$이 된다.

④ 밀도 ρ의 차원은 밀도 $= \dfrac{\text{질량}}{\text{부피}}$ 이므로 $\left[\dfrac{\mathrm{M}}{\mathrm{L}^3}\right] = [\mathrm{ML}^{-3}]$이 된다.

⑤ 유량 Q의 차원은 유량 $= \dfrac{\text{부피}}{\text{시간}}$ 이므로 $\left[\dfrac{\mathrm{L}^3}{\mathrm{T}}\right] = [\mathrm{L}^3\mathrm{T}^{-1}]$이 된다.

$F = ma$의 차원 $[\mathrm{M}]\left[\dfrac{\mathrm{L}}{\mathrm{T}^2}\right] = [\mathrm{MLT}^{-2}]$이고,

$F = \rho QU$의 차원 $\left[\dfrac{\mathrm{M}}{\mathrm{L}^3}\right]\left[\dfrac{\mathrm{L}^3}{\mathrm{T}}\right]\left[\dfrac{\mathrm{L}}{\mathrm{T}}\right] = [\mathrm{MLT}^{-2}]$이 되어 $ma = \rho QU$가 성립한다.

Memo

Chapter 3

밀도와 비중

소방대상물질은 수계 소화약제와 가스계 소화약제 등 액체, 기체와 같이 흐르는 물질로 되어 있다. 정지되어 있는 물질의 양을 나타내는 것은 비교적 쉬운 일이지만 흐르는 물질의 양을 나타내는 것은 쉬운 일이 아니다. 이처럼 흐르는 물질의 양을 나타내기 위해서 길이[L], 질량[M], 시간[T] 등과 같은 기본단위 체계를 이용하여 구성된 유도단위체계의 물성 값인 밀도(density)와 비중(specific weight)을 주로 이용한다. 밀도는 기본단위인 질량과 부피로 표현되는 유도단위로서, 부피를 질량으로 환산하거나, 또는 질량을 부피로 환산하는데 널리 사용되는 물리량이다. 비중은 기준물질에 대한 상대적인 값으로 물질을 비교하는 물리량으로 사용된다. 이 장에서는 밀도와 비중을 구성하는 물리량에 대해서 구체적으로 살펴보기로 하자.

3-1 질량(mass)과 중량(weight)

① 질량(mass)

질량은 물질이 지닌 고유한 양(量)으로 측정 장소와 관계없이 항상 일정한 값을 나타낸다. 질량의 기본 단위로는 kg이 사용된다.

표 3-1 질량의 단위

	MKS 단위계	cgs 단위계	fps 단위계
단 위	kg	g	lb
환산인자		1 kg = 1000 g	1 lb = 454 g

② 중량(weight)

중량이란 보통 무게라고도 하며 물체에 작용하는 중력의 영향에 의하여 나타나는 양을 의미한다. 즉 중량은 질량에 중력가속도를 곱해서 나타낸다.

$$\text{중량}(w) = \text{질량}(m) \times \text{중력가속도}(g)$$

중량의 기본 단위로는 N 또는 kg_f가 사용된다.

개념정리	질량(m)과 중량(w)의 관계
	중량(w) = 질량(m)× 중력가속도(g)

개념정리	질량(m)과 중량(w)의 단위
	• 질량의 기본 단위로는 kg이 사용된다. • 중량의 기본 단위로는 kg_f가 사용된다. • 중량의 기본 단위인 $1\ kg_f = 9.8\ N = 9.8\ kg·m/s^2$이다. • $1\ kg_f = 1\ kg \times \frac{9.8\ m}{s^2} = 9.8\ N$

예제 3-1 중력가속도가 $9.8\ m/s^2$인 지점에서 질량이 65 kg인 물체의 중량은 몇 N인가?

solution N은 중량단위이므로 질량단위를 중량단위로 환산하면

중량(w) = 질량(m) × g로부터 계산할 수 있다.

$$중량(w) = 질량(m) \times g = 65\ kg \times \frac{9.8\ m}{s^2} = \frac{637\ kg·m}{s^2}$$

$$\frac{637\ kg·m}{s^2} = \frac{637\ kg·m}{s^2} \times \boxed{\frac{1\ N}{1\ kg·m/s^2}} = 637\ N$$

예제 3-2 중력가속도가 $9.75\ m/s^2$인 지점에서 질량이 30 kg인 물체의 중량은 몇 kg_f인가?

solution kg_f는 중량단위이므로 질량단위를 중량단위로 환산하면

중량(w) = 질량(m) × g로부터 계산할 수 있다.

$$중량(w) = 질량(m) \times g = 30\ kg \times \frac{9.75\ m}{s^2} = \frac{292.5\ kg·m}{s^2}$$

$$\frac{292.5\ kg·m}{s^2} = \frac{292.5\ kg·m}{s^2} \times \boxed{\frac{1\ N}{1\ kg·m/s^2}} \times \boxed{\frac{1\ kg_f}{9.8\ N}} = 29.84\ kg_f$$

예제 3-3 중력가속도가 $9.8\ m/s^2$인 지점에서 중량이 45 kg_f인 물체의 질량은 몇 kg인가?

solution kg_f는 중량단위이므로 중량단위를 질량단위로 환산하면 질량=중량/g이므로

$$질량(m) = 중량(45\ kg_f) \times \frac{s^2}{9.8\ m} \times \boxed{\frac{9.8\ kg·m/s^2}{1\ kg_f}} = 45\ kg$$

예제 3-4 중력가속도가 9.8 m/s^2인 지점에서 중량이 450 N인 물체의 질량은 몇 kg인가?

solution N은 중량단위이므로 중량단위를 질량단위로 환산하면 질량 = 중량/g 이므로

$$\text{질량(kg)} = 450\ \text{N} \times \frac{\text{s}^2}{9.8\ \text{m}} \times \boxed{\frac{1\ \text{kg}\cdot\text{m/s}^2}{1\ \text{N}}} = 45.9\ \text{kg}$$

예제 3-5 중량이 45 kg_f인 물체의 질량이 47 kg이라면 이 지점에서의 중력가속도는 몇 m/s^2인가?

solution $\text{중량}(w) = \text{질량}(m) \times g$로부터 중력가속도 g를 계산할 수 있다.

$$g = \frac{\text{중량}}{\text{질량}} = \frac{45\ \text{kg}_\text{f}}{47\ \text{kg}} \times \boxed{\frac{9.8\ \text{kg}\cdot\text{m/s}^2}{1\ \text{kg}_\text{f}}} = \frac{9.38\ \text{m}}{\text{s}^2}$$

예제 3-6 중량이 45 N인 물체의 질량이 5 kg이라면 이 지점에서의 중력가속도는 몇 m/s^2인가?

solution $\text{중량}(w) = \text{질량}(m) \times g$로부터 중력가속도 g를 계산할 수 있다.

$$g = \frac{\text{중량}}{\text{질량}} = \frac{45\ \text{N}}{5\ \text{kg}} \times \boxed{\frac{1\ \text{kg}\cdot\text{m/s}^2}{1\ \text{N}}} = \frac{9\ \text{m}}{\text{s}^2}$$

kg_f와 N[kg · m/s^2]의 관계를 살펴보면 다음과 같다.

질량이 지니는 힘은 1 kg의 물체에 1 m/s^2의 가속도가 가해질 때 갖는 힘이고, 중량이 지니는 힘은 1 kg의 물체에 9.8 m/s^2의 중력가속도가 가해질 때 갖는 힘이다. 따라서

$$1\ \text{kg}_\text{f} = 1\ \text{kg} \times \frac{9.8\ \text{m}}{\text{s}^2} = 9.8\ \text{N}\text{이 된다.}$$

3-2 밀도

물체의 밀도(density)는 물체가 차지하는 단위부피당의 질량으로 정의되며, 차원으로는 다음과 같이 나타낼 수 있다.

$$\text{밀도} = \frac{\text{질량}}{\text{부피}\ [= (\text{길이})^3]} = \left[\frac{\text{M}}{\text{L}^3}\right]$$

개념정리	소방계산에서 밀도의 활용
	• 소방관련 계산에서 질량 값을 부피 값으로 바꾸거나, 반대로 부피 값을 질량 값으로 바꾸는 경우에 밀도값을 사용한다. • 밀도 = $\frac{질량}{부피}$ 이므로 <질량 = 밀도× 부피>가 된다.

개념정리	밀도(Density)		
	정의	단위	차원
	질량/부피	kg/m^3	$[ML^{-3}]$

밀도는 보통 물질 $1\ cm^3$당 g 수로 나타낸다. 액체 밀도의 기본이 되는 물은 4℃에서 가장 큰 값을 가진다.

물의 밀도값은 단위 체계에 따라서 그 값이 서로 달라진다. 여기서 다양한 단위체계에 따른 물의 밀도값을 살펴보기로 하자. 소방에서는 이중에서 MKS 단위체계의 밀도값을 가장 많이 사용한다.

개념정리	물의 밀도(Density)		
	정의	cgs 단위	MKS 단위
	질량/부피	$1\ g/cm^3$	$1000\ kg/m^3$

① cgs 단위계에서 물의 밀도값

$$\rho_{water} = \frac{1\ g}{cm^3} = \frac{1\ g}{cc} = \frac{1\ g}{m\ell}$$

② MKS 단위계에서 물의 밀도값

ⓐ $$\rho_{water} = \frac{1\ g}{cm^3} = \frac{1\ g}{cm^3} \times \boxed{\frac{1\ kg}{1000\ g}} = \frac{10^{-3}\ kg}{cm^3}$$

ⓑ $$\rho_{water} = \frac{1\ g}{cm^3} = \frac{1\ g}{cm^3} \times \boxed{\frac{1\ kg}{1000\ g}} \times \boxed{\frac{1000\ cm^3}{1\ \ell}} = \frac{1\ kg}{\ell}$$

ⓒ $\rho_{water} = \frac{1\ kg}{\ell} = \frac{1\ kg}{\ell} \times \boxed{\frac{1000\ \ell}{1\ m^3}} = \frac{1000\ kg}{m^3}$

개념정리	MKS 단위계에서 물의 밀도값		
	kg/cm^3	kg/ℓ	kg/m^3
	$0.001(=10^{-3})\ kg/cm^3$	$1\ kg/\ell$	$1000\ kg/m^3$

MKS 단위계에서의 밀도값 중에서 소방에서는 주로 1000 kg/m^3의 값을 사용한다. 따라서 소방분야에서는 기본적으로 물의 밀도값으로 1000 kg/m^3을 사용하여 설명하는 경우가 많으므로 주의 하여야 한다.

예제 3-7 액체 1 cm^3이 차지하는 질량이 1.84 g이라면 이 액체의 밀도는 몇 kg/m^3인가?

solution 밀도 $= \frac{질량}{부피} = \frac{1.84\ g}{1\ cm^3}$ 이므로 이 값을 kg/m^3의 단위로 환산하면

$$\frac{1.84\ g}{1\ cm^3} \times \boxed{\frac{1\ kg}{1000\ g}} \times \boxed{\left(\frac{100\ cm}{1\ m}\right)^3} = \frac{1840\ kg}{m^3}$$

예제 3-8 액체의 밀도가 30 lb/ft^3으로 표시되어 있다. 이 액체 3 m^3의 질량은 몇 kg인가?

solution kg은 lb로, ft^3은 m^3으로 단위 환산하기 위해 질량과 길이의 단위 환산인자 0.454 kg = 1 lb, 1 ft = 0.3048 m를 이용하면 그 결과는 다음과 같다.

$$\frac{30\ lb}{ft^3} \times \boxed{\frac{0.454\ kg}{1\ lb}} \times \boxed{\left[\frac{1\ ft}{0.3048\ m}\right]^3} = \frac{481\ kg}{m^3}$$

이 액체의 부피가 3 m^3이므로, 질량은 다음과 같다.

$\frac{481\ kg}{m^3} \times 3\ m^3 = 1443\ kg$이 된다.

예제 3-9 밀도가 0.93 g/cm^3인 소화약제 3.3 kg의 부피는

① 몇 cm^3인가? ② 몇 m^3인가? ③ 몇 ft^3인가?

solution 질량을 부피로 환산하기 위해서 사용하는 물리적 특성 값이 밀도이다. 주어진 조건에서 소화약제의 밀도가 0.93 g/cm^3이므로 이 소화약제는 0.93 g이 1 cm^3의 부피를

차지한다. 밀도값을 이용하면 그 결과는 아래와 같다.

① 몇 cm^3인가?

$$\frac{1cm^3}{0.93\ g} \times 3.3\ kg \times \boxed{\frac{1000\ g}{1\ kg}} = 3548.4\ cm^3$$

② 몇 m^3인가?

$$\frac{1cm^3}{0.93\ g} \times 3.3\ kg \times \boxed{\frac{1000\ g}{1\ kg}} \times \boxed{\left(\frac{1\ m}{100\ cm}\right)^3} = 0.0035484\ m^3$$

③ 몇 ft^3인가?

$$\frac{1cm^3}{0.93\ g} \times 3.3\ kg \times \boxed{\frac{1000\ g}{1\ kg}} \times \boxed{\left(\frac{1\ ft}{30.48\ cm}\right)^3} = 0.125\ ft^3$$

3-3 액체의 비중(specific gravity)

비중은 물질의 상대적인 무게를 나타내는 것으로 물질(A)의 밀도에 대한 기준물질(ref)의 밀도의 비를 **비중(specific gravity, sp.gr)**이라 한다.

$$\text{비중} = \frac{(kg/m^3)_A}{(kg/m^3)_{\text{기준물질}}} = \frac{(g/cm^3)_A}{(g/cm^3)_{\text{기준물질}}}$$

따라서 비중은 단위를 갖지 않는 무차원 수이며, 어느 단위계를 사용해도 같은 값이 된다. 비중을 나타낼 때 사용되는 기준물질의 밀도값으로는 액체에 대해서는 4℃ 온도에서의 순수한 물의 밀도가 사용된다.

예제 3-10 액체의 비중이 0.93으로 표시되어 있다. 이 액체의 밀도는 몇 g/cm^3인가?

solution 액체 비중은 액체와 물의 밀도의 비이므로 액체의 밀도는 <물의 밀도×비중>으로부터 구할 수 있다. 4℃의 물을 기준으로 하면, 물의 밀도가 1 g/cm^3이므로

액체의 밀도는 $\frac{1\ g}{cm^3} \times 0.93 = \frac{0.93\ g}{cm^3}$이 된다.

예제 3-11 액체의 비중이 0.93이라면, 이 액체의 밀도는 몇 kg/m^{3}인가?

solution 액체의 밀도는 $\frac{1\ \text{g}}{\text{cm}^3} \times 0.93 = \frac{0.93\ \text{g}}{\text{cm}^3}$이므로 이를 단위 환산하면 다음과 같다.

$$\frac{0.93\ \text{g}}{\text{cm}^3} = \frac{0.93\ \text{g}}{\text{cm}^3} \times \boxed{\frac{1\ \text{kg}}{1000\ \text{g}}} \times \boxed{\left(\frac{100\ \text{cm}}{1\ \text{m}}\right)^3} = \frac{930\ \text{kg}}{\text{m}^3}$$ 이 된다.

예제 3-12 액체의 비중이 0.93일 때, 이 액체의 밀도는 몇 lb/ft^{3}인가?

solution 액체의 밀도는 $\frac{1\ \text{g}}{\text{cm}^3} \times 0.93 = \frac{0.93\ \text{g}}{\text{cm}^3}$이므로 이를 단위 환산하면 다음과 같다.

$$\frac{0.93\ \text{g}}{\text{cm}^3} = \frac{0.93\ \text{g}}{\text{cm}^3} \times \boxed{\frac{1\ \text{kg}}{1000\ \text{g}}} \times \boxed{\left(\frac{100\ \text{cm}}{1\ \text{m}}\right)^3} = \frac{930\ \text{kg}}{\text{m}^3}$$ 이므로

$$\frac{0.93\ \text{g}}{\text{cm}^3} = \frac{930\ \text{kg}}{\text{m}^3} \times \boxed{\frac{1\ \text{lb}}{0.454\ \text{kg}}} \times \boxed{\left(\frac{0.3048\ \text{m}}{1\ \text{ft}}\right)^3} = \frac{58\ \text{lb}}{\text{ft}^3}$$ 이 된다.

예제 3-13 비중이 13.6인 수은의 밀도는 몇 kg/m^{3}인가?

solution 비중이 13.6인 수은의 밀도는 다음과 같다. 액체의 밀도는 <물의 밀도 × 액체의 비중>이므로 수은의 밀도는 $\frac{1\ \text{g}}{\text{cm}^3} \times 13.6 = \frac{13.6\ \text{g}}{\text{cm}^3}$이므로 이를 단위 환산하면 다음과 같다.

$$\frac{13.6\ \text{g}}{\text{cm}^3} = \frac{13.6\ \text{g}}{\text{cm}^3} \times \boxed{\frac{1\ \text{kg}}{1000\ \text{g}}} \times \boxed{\left(\frac{100\ \text{cm}}{1\ \text{m}}\right)^3} = \frac{13600\ \text{kg}}{\text{m}^3}$$ 이 된다.

예제 3-14 비중이 13.6인 수은의 밀도는 몇 lb/m^{3}인가?

solution 비중이 13.6인 수은의 밀도는 다음과 같다.

수은의 밀도는 $\frac{1\ \text{g}}{\text{cm}^3} \times 13.6 = \frac{13.6\ \text{g}}{\text{cm}^3}$이므로 이를 단위 환산하면 다음과 같다.

$$\frac{13.6\ \text{g}}{\text{cm}^3} = \frac{13.6\ \text{g}}{\text{cm}^3} \times \boxed{\frac{1\ \text{kg}}{1000\ \text{g}}} \times \boxed{\left(\frac{100\ \text{cm}}{1\ \text{m}}\right)^3} \times \boxed{\frac{1\ \text{lb}}{0.454\ \text{kg}}} = \frac{29955.95\ \text{lb}}{\text{m}^3}$$ 이 된다.

예제 3-15 비중이 2.3인 액체 10 ft^3의 질량은 몇 kg인가?

solution 비중이 2.3인 액체의 밀도는 $\frac{1\ g}{cm^3} \times 2.3 = \frac{2.3\ g}{cm^3}$ 이므로 이를 단위 환산하면 다음과 같다.

$$\frac{2.3\ g}{cm^3} = \frac{2.3\ g}{cm^3} \times \boxed{\frac{1\ kg}{1000\ g}} \times \boxed{\left(\frac{100\ cm}{1\ m}\right)^3} = \frac{2300\ kg}{m^3} \text{ 이 된다.}$$

즉, 이는 액체 1 m^3이 차지하는 질량이 2300 kg이라는 의미이므로 액체 10 ft^3의 질량은 다음과 같이 구한다.

액체 10 ft^3의 질량은 밀도가 $\frac{2300\ kg}{m^3}$ 이므로 다음과 같다.

$$\frac{2300\ kg}{m^3} \times 10\ ft^3 \times \boxed{\left(\frac{0.3048\ m}{1\ ft}\right)^3} = 651.29\ kg$$

3-4 비용과 비중량

비용(specific volume, $\overline{V}$)은 단위 질량당의 부피를 의미하며, 이는 밀도의 역수와 같은 의미이다. 비용의 차원은 $[L^3/M]$으로 표시되며, 단위로는 m^3/kg, cm^3/g, ft^3/lb 등이 있다.

개념정리	비용		
	정의	단위	차원
	부피/질량	m^3/kg	$[L^3/M]$

비중량(specific weight)은 단위 부피당의 중량을 나타낸다. 중량은 질량에 중력가속도가 가해진 것으로 $w = mg$로 나타낼 수 있다.

$$\text{그러므로 비중량} = \frac{w}{V} = \frac{mg}{V} = \frac{m}{V}g = \rho g$$

여기서 g는 중력가속도로 SI단위는 m/s^2 이므로 비중량의 단위는

$$\frac{\mathrm{m}}{\mathrm{s}^2}\times\frac{\mathrm{kg}}{\mathrm{m}^3}=\frac{\mathrm{kg\cdot m}}{\mathrm{s}^2}\times\frac{1}{\mathrm{m}^3}=\frac{\mathrm{N}}{\mathrm{m}^3}$$ 이다.

개념정리	비중량		
	정의	단위	차원
	중량/부피	N/m^3	$[F/L^3]$

〈MKS 단위계에서 물의 비중량 값〉

ⓐ $$\rho_{water}\times g=\frac{1000\ \mathrm{kg}}{\mathrm{m}^3}\times\frac{9.8\ \mathrm{m}}{\mathrm{s}^2}=\frac{9800\ \mathrm{kg\cdot m}}{\mathrm{m}^3\cdot \mathrm{s}^2}=\frac{9800\ \mathrm{N}}{\mathrm{m}^3}$$

ⓑ $$\rho_{water}\times g=\frac{9800\ \mathrm{N}}{\mathrm{m}^3}\times\boxed{\frac{1\ \mathrm{kg_f}}{9.8\ \mathrm{N}}}=\frac{1000\ \mathrm{kg_f}}{\mathrm{m}^3}$$

개념정리	물의 비중량		
	차원	힘의 단위	
	$[F/L^3]$	$9800\ N/m^3$	$1000\ kg_f/m^3$

예제 3-16 부피 1.4 m^3인 통속에 1800 kg의 액체가 들어 있다.
이 조건에서 ① 밀도[kg/m^3], ② 비용적[m^3/kg], ③ 비중량[kg_f/m^3]은 얼마인가?

solution

① 밀도 $$\rho=\frac{m}{V}=\frac{1800\ \mathrm{kg}}{1.4\ \mathrm{m}^3}=\frac{1286\ \mathrm{kg}}{\mathrm{m}^3}$$

② 비용적 $$\overline{V}=\frac{1}{\rho}=\frac{1}{\frac{1286\ \mathrm{kg}}{\mathrm{m}^3}}=\frac{\mathrm{m}^3}{1286\ \mathrm{kg}}=\frac{7.8\times10^{-4}\ \mathrm{m}^3}{\mathrm{kg}}$$

⑤ 비중량 $$sp.wt.=\rho g=\frac{1286\ \mathrm{kg}}{\mathrm{m}^3}\times\frac{9.8\ \mathrm{m}}{\mathrm{s}^2}\times\boxed{\frac{1\ \mathrm{kg_f}}{9.8\ \mathrm{kg\cdot m/s^2}}}=\frac{1286\ \mathrm{kg_f}}{\mathrm{m}^3}$$

예제 3-17 비중이 13.6인 수은의 비중량은 몇 N/m^3인가?

solution

비중이 13.6인 수은의 밀도는 $\frac{1\ \mathrm{g}}{\mathrm{cm}^3}\times 13.6=\frac{13.6\ \mathrm{g}}{\mathrm{cm}^3}$ 이므로 이를 단위 환산하면

다음과 같다.

$$\frac{13.6\ \text{g}}{\text{cm}^3} = \frac{13.6\ \text{g}}{\text{cm}^3} \times \boxed{\frac{1\ \text{kg}}{1000\ \text{g}}} \times \boxed{\left(\frac{100\ \text{cm}}{1\ \text{m}}\right)^3} = \frac{13600\ \text{kg}}{\text{m}^3}$$ 이 된다.

따라서 수은의 비중량은 다음과 같다.

비중량 $= \rho g$ 이므로

$$\frac{13600\ \text{kg}}{\text{m}^3} \times \frac{9.8\ \text{m}}{\text{s}^2} = \frac{133280\ \text{kg}\cdot\text{m/s}^2}{\text{m}^3} = \frac{133280\ \text{kg}\cdot\text{m/s}^2}{\text{m}^3} \times \boxed{\frac{1\ \text{N}}{1\ \text{kg}\cdot\text{m/s}^2}}$$

$$= \frac{133280\ \text{N}}{\text{m}^3}$$

예제 3-18 비중이 8.5인 액체의 비중량은 몇 $\text{kg}_\text{f}/\text{m}^3$인가?

solution 비중이 8.5인 액체의 밀도는 다음과 같다.

액체의 밀도는 $\frac{1\ \text{g}}{\text{cm}^3} \times 8.5 = \frac{8.5\ \text{g}}{\text{cm}^3}$ 이므로 이를 단위 환산하면 다음과 같다.

$$\frac{8.5\ \text{g}}{\text{cm}^3} = \frac{8.5\ \text{g}}{\text{cm}^3} \times \boxed{\frac{1\ \text{kg}}{1000\ \text{g}}} \times \boxed{\left(\frac{100\ \text{cm}}{1\ \text{m}}\right)^3} = \frac{8500\ \text{kg}}{\text{m}^3}$$ 이 된다.

따라서 액체의 비중량은 다음과 같다.

비중량 $= \rho g$ 이므로

$$\frac{8500\ \text{kg}}{\text{m}^3} \times \frac{9.8\ \text{m}}{\text{s}^2} \times \boxed{\frac{1\ \text{N}}{1\ \text{kg}\cdot\text{m/s}^2}} \times \boxed{\frac{1\ \text{kg}_\text{f}}{9.8\ \text{N}}} = \frac{8500\ \text{kg}_\text{f}}{\text{m}^3}$$

보 충 문 제

문제 Ⅲ-1 중력가속도가 9.4 m/s^2인 지점에서 질량이 25.4 kg인 물체의 무게는 몇 kg_f 인가?

풀이 kg_f는 무게(중량) 단위이므로 질량단위를 무게단위로 환산하기 위하여 (무게)중량(w) = 질량$(m) \times g$로부터 계산할 수 있다.

$$(무게)중량(w) = 질량(m) \times g = 25.4\ \text{kg} \times \frac{9.4\ \text{m}}{\text{s}^2} = \frac{238.76\ \text{kg·m}}{\text{s}^2}$$

$$\frac{238.76\ \text{kg·m}}{\text{s}^2} = \frac{238.76\ \text{kg·m}}{\text{s}^2} \times \boxed{\frac{1\ \text{N}}{1\ \text{kg·m/s}^2}} \times \boxed{\frac{1\ \text{kg}_f}{9.8\ \text{N}}} = 24.36\ \text{kg}_f$$

문제 Ⅲ-2 중력가속도가 9.85 m/s^2인 지점에서 질량이 50 kg인 물체의 무게는 몇 N인가?

풀이 N은 무게(중량)단위이므로 질량단위를 무게단위로 환산하기 위하여 (무게)중량(w) = 질량$(m) \times g$로부터 계산할 수 있다.

$$(무게)중량(w) = 질량(m) \times g = 50\ \text{kg} \times \frac{9.85\ \text{m}}{\text{s}^2} = \frac{492.5\ \text{kg·m}}{\text{s}^2}$$

$$\frac{492.5\ \text{kg·m}}{\text{s}^2} = \frac{492.5\ \text{kg·m}}{\text{s}^2} \times \boxed{\frac{1\ \text{N}}{1\ \text{kg·m/s}^2}} = 492.5\ \text{N}$$

문제 Ⅲ-3 중량이 25.4 kg_f인 물체의 질량은 중력가속도가 9.4 m/s^2인 지점에서 몇 kg인가?

풀이 kg_f 는 중량단위이므로 중량단위를 질량단위로 환산하기 위하여 <질량=중량/g>이므로

$$질량(m) = 중량(25.4\ \text{kg}_f) \times \frac{\text{s}^2}{9.4\ \text{m}} \times \boxed{\frac{9.8\ \text{kg·m/s}^2}{1\ \text{kg}_f}} = 26.48\ \text{kg}$$

문제 Ⅲ-4 중량이 300 N인 물체의 질량은 중력가속도가 9.75 m/s^2인 지점에서 몇 kg인가?

풀이 N은 중량단위이므로 중량단위를 질량단위로 환산하기 위하여

$$질량(\text{kg}) = 300\ \text{N} \times \frac{\text{s}^2}{9.75\ \text{m}} \times \boxed{\frac{1\ \text{kg·m/s}^2}{1\ \text{N}}} = 30.77\ \text{kg}$$

문제 Ⅲ-5 중량이 54.2 kg_f인 물체의 질량이 55.4 kg이라면 이때 이 지점에서의 중력가속도는 몇 m/s^2인가?

풀이 중량(w) = 질량$(m) \times g$로부터 중력가속도 g를 계산할 수 있다.

$$g = \frac{중량}{질량} = \frac{54.2\ kg_f}{55.4\ kg} \times \boxed{\frac{9.8\ kg \cdot m/s^2}{1\ kg_f}} = \frac{9.59\ m}{s^2}$$

문제 Ⅲ-6 중량을 측정하였더니 560 N인 물체의 질량이 58 kg이라면 이 지점에서의 중력가속도는 몇 m/s^2인가?

풀이 중량(w) = 질량$(m) \times g$로부터 중력가속도 g를 계산할 수 있다.

$$g = \frac{중량}{질량} = \frac{560\ N}{58\ kg} \times \boxed{\frac{1\ kg \cdot m/s^2}{1\ N}} = \frac{9.66\ m}{s^2}$$

문제 Ⅲ-7 액체의 비중을 측정하였더니 0.87이다. 이 액체의 밀도는 몇 kg/m^3인가?

풀이 물질(A)의 밀도에 대한 기준물질의 밀도의 비를 비중이라 한다.
기준물질인 4℃에서 물의 밀도를 MKS 단위 값으로 하면 1000 kg/m^3이 된다. 주어진 조건에서 액체의 비중이 0.87이므로 액체의 밀도(ρ)는

$$\rho = \frac{1000\ kg}{m^3} \times 0.87 = \frac{870\ kg}{m^3}$$ 가 된다.

문제 Ⅲ-8 액체의 비중을 측정하였더니 0.95이다. 이 액체의 밀도는 몇 lb/ft^3인가?

풀이 주어진 조건에서 액체의 비중이 0.95이므로 액체의 밀도(ρ)는

$$\rho = \frac{1000\ kg}{m^3} \times 0.95 = \frac{950\ kg}{m^3}$$ 가 되므로

단위 환산하면 다음과 같다.

$$\rho = \frac{950\ kg}{m^3} = \frac{950\ kg}{m^3} \times \boxed{\frac{1\ lb}{0.454\ kg}} \times \boxed{\left(\frac{0.3048\ m}{1\ ft}\right)^3} = \frac{59.25\ lb}{ft^3}$$

문제 Ⅲ-9 비중이 0.85인 액체 소화약제 350 ℓ의 질량은 몇 kg인가?

풀이 주어진 조건에서 액체 소화약제의 비중이 0.85이므로 액체 소화약제의 밀도(ρ)는

$\rho = \frac{1000\ kg}{m^3} \times 0.85 = \frac{850\ kg}{m^3}$이 된다. 이 값으로부터 액체 소화약제 350 ℓ의 질량

을 계산하면 다음과 같다.

$$m = \frac{850\ \text{kg}}{\text{m}^3} \times 350\ \ell \times \boxed{\frac{1\ \text{m}^3}{1000\ \ell}} = 297.5\ \text{kg}\text{이 된다.}$$

문제 III-10 비중이 0.79인 액체 350 kg의 부피는 몇 ℓ 인가?

풀이 주어진 조건에서 액체의 비중이 0.79이므로 액체의 밀도(ρ)는

$$\rho = \frac{1000\ \text{kg}}{\text{m}^3} \times 0.79 = \frac{790\ \text{kg}}{\text{m}^3}\text{이 된다.}$$

이 값으로부터 액체 350 kg의 부피를 계산하면 다음과 같다.

$$V = \frac{\text{m}^3}{790\ \text{kg}} \times 350\ \text{kg} \times \boxed{\frac{1000\ \ell}{1\ \text{m}^3}} = 443.04\ \ell\text{이 된다.}$$

문제 III-11 비중계로 액체의 비중을 측정하였더니 0.95의 값을 얻었다. 이 액체의 비중량은 몇 N/m^{3}인가?

풀이 4℃에서 물의 밀도를 MKS 단위 값으로 하면 1000 kg/m^{3}이 된다. 주어진 조건에서 액체의 비중이 0.95이므로 액체의 밀도(ρ)는 $\frac{1000\ \text{kg}}{\text{m}^3} \times 0.95 = \frac{950\ \text{kg}}{\text{m}^3}$이 된다.

비중량(γ)과 밀도(ρ)의 관계에서

$$\gamma = \rho \times g = \frac{950\ \text{kg}}{\text{m}^3} \times \frac{9.8\ \text{m}}{\text{s}^2} = \frac{9310\ \text{kg}\cdot\text{m}}{\text{s}^2} \times \boxed{\frac{1\ \text{N}}{1\ \text{kg}\cdot\text{m/s}^2}} \times \frac{1}{\text{m}^3} = \frac{9310\ \text{N}}{\text{m}^3}$$

문제 III-12 비중이 1.15인 액체의 비중량은 몇 kg$_f$/m^{3}인가?

풀이 주어진 조건에서 액체의 비중이 1.15이므로 액체의 밀도(ρ)는

$$\frac{1000\ \text{kg}}{\text{m}^3} \times 1.15 = \frac{1150\ \text{kg}}{\text{m}^3}\text{이 된다.}$$

비중량(γ)과 밀도(ρ)의 관계에서

$$\gamma = \rho \times g = \frac{1150\ \text{kg}}{\text{m}^3} \times \frac{9.8\ \text{m}}{\text{s}^2} \times \boxed{\frac{1\ \text{kg}\cdot\text{m/s}^2}{1\ \text{N}}} \times \boxed{\frac{1\ \text{kg}_f}{9.8\ \text{N}}} = \frac{1150\ \text{kg}_f}{\text{m}^3}$$

문제 III-13 오리피스 미터에 많이 사용되는 수은의 비중이 13.6일 때 수은의 비체적은 몇 m^3/kg인가?

풀이 비체적은 다음과 같다. $\overline{V} = \frac{1}{\rho}$

물의 밀도를 MKS 단위 값으로 하면 1000 kg/m^{3}이 된다. 따라서 비중이 13.6인 수은의 밀도값은 MKS 단위로 13.6 × 1000 kg/m^3 = 13600 kg/m^{3}이 된다.

따라서 수은의 비체적은 다음과 같다.

$$\overline{V} = \frac{1}{\rho} = \frac{\text{m}^3}{13600\ \text{kg}} = \frac{7.35 \times 10^{-5}\ \text{m}^3}{\text{kg}}$$

문제 Ⅲ-14 단백포 소화약제 20 ℓ의 중량이 125 N일 때 비중은 얼마인가?

풀이 물의 밀도를 MKS 단위 값으로 하면 1000 kg/m^3 이 된다.

물의 비중량을 계산하면 다음과 같다.

$$\gamma_{물} = \rho_{물} \times g = \frac{1000\ \text{kg}}{\text{m}^3} \times \frac{9.8\ \text{m}}{\text{s}^2} = \frac{9800\ \text{kg}\cdot\text{m}}{\text{s}^2} \times \boxed{\frac{1\ \text{N}}{1\ \text{kg}\cdot\text{m}/\text{s}^2}} \times \frac{1}{\text{m}^3} = \frac{9800\ \text{N}}{\text{m}^3}$$

단백포 소화약제 20 ℓ의 중량이 125 N일 때 비중량은 다음과 같다.

$$\gamma_{단백포} = \frac{125\ \text{N}}{20\ \ell} \times \boxed{\frac{1000\ \ell}{1\ \text{m}^3}} = \frac{6250\ \text{N}}{\text{m}^3}$$

따라서

$$\text{단백포 소화약제의 비중} = \frac{\rho_{단백포}}{\rho_{물}} = \frac{\gamma_{단백포}}{\gamma_{물}} = \frac{6250\ \text{N}/\text{m}^3}{9800\ \text{N}/\text{m}^3} = 0.638$$

문제 Ⅲ-15 중량이 52000 N인 액체의 부피를 측정하였더니 6.2 m^{3}이었다. 이 액체의 비중은 얼마인가?

풀이 액체의 비중은 다음과 같다. 액체의 비중 $= \frac{\rho}{\rho_w} = \frac{\gamma}{\gamma_w}$

물의 밀도를 MKS 단위 값으로 하면 1000 kg/m^{3}이 된다.

물의 비중량을 계산하면 다음과 같다.

$$\gamma_{물} = \rho_{물} \times g = \frac{1000\ \text{kg}}{\text{m}^3} \times \frac{9.8\ \text{m}}{\text{s}^2} = \frac{9800\ \text{kg}\cdot\text{m}}{\text{s}^2} \times \boxed{\frac{1\ \text{N}}{1\ \text{kg}\cdot\text{m}/\text{s}^2}} \times \frac{1}{\text{m}^3} = \frac{9800\ \text{N}}{\text{m}^3}$$

따라서 부피가 6.2 m^{3}이고 중량이 52000 N인 액체의 비중량은 다음과 같다.

$$\gamma_{액체} = \frac{52000\ \text{N}}{6.2\ \text{m}^3} = \frac{8387\ \text{N}}{\text{m}^3}$$

$$\text{따라서 액체의 비중} = \frac{\rho}{\rho_w} = \frac{\gamma}{\gamma_w} = \frac{8387\ \text{N}/\text{m}^3}{9800\ \text{N}/\text{m}^3} = 0.856$$

문제 Ⅲ-16 물의 비중량은 몇 kg_f/m^3인가?

풀이 비중량(γ)과 밀도(ρ)의 관계로부터 $\gamma = \rho \times g$가 된다.

물의 밀도가 $\frac{1\ g}{cm^3} = \frac{1000\ kg}{m^3}$이므로 이 값으로부터 비중량은

$$비중량 = \frac{1000\ kg}{m^3} \times \frac{9.8\ m}{s^2} \times \boxed{\frac{1\ N}{1\ kg \cdot m/s^2}} \times \boxed{\frac{1\ kg_f}{9.8\ N}} = \frac{1000\ kg_f}{m^3}$$ 이 된다.

문제 Ⅲ-17 액체의 중량이 8500 kg_f이고 부피가 13.8 m^3일 때, 이 액체의 비중량은 몇 N/m^3인가?

풀이 주어진 조건으로부터 액체의 비중량을 계산하면 다음과 같다. 비중량은 단위부피당 중량 값을 의미하므로 액체의 비중량은 $\frac{8500\ kg_f}{13.8\ m^3} = \frac{615.94\ kg_f}{m^3}$ 이 된다.

이 값을 N의 값으로 환산하면

$$\frac{615.94\ kg_f}{m^3} = \frac{615.94\ kg_f}{m^3} \times \boxed{\frac{9.8\ N}{1\ kg_f}} = \frac{6036.212\ N}{m^3}$$

문제 Ⅲ-18 125 $kg_f \cdot s^2/m^4$인 액체의 밀도값을 kg/m^3으로 나타내면 얼마인가?

풀이 밀도는 단위 부피당 질량 값을 의미한다. 힘의 단위인 kg_f를 먼저 N으로 환산하고 계산하는 것이 편리하다.
이 값을 이용하면 액체의 밀도는

$$\frac{125\ kg_f \cdot s^2}{m^4} = \frac{125\ kg_f \cdot s^2}{m^4} \times \boxed{\frac{9.8\ N}{1\ kg_f}} \times \boxed{\frac{1\ kg \cdot m/s^2}{1\ N}} = \frac{1225\ kg}{m^3}$$ 이 된다.

문제 Ⅲ-19 밀도가 125 $kg_f \cdot s^2/m^4$인 액체의 비중량은 몇 N/m^3인가?

풀이 주어진 조건으로부터 액체의 비중량은 $\gamma = \rho g$이므로

액체의 비중량은 $\frac{125\ kg_f \cdot s^2}{m^4} \times \frac{9.8\ m}{s^2} \times \boxed{\frac{9.8\ N}{1\ kg_f}} = \frac{12005\ N}{m^3}$ 이 된다.

Chapter 4

유속과 유량

4-1 유속(*U*)과 유량(*Q*)

유속(current velocity, U)은 유체의 흐름 속도로 단위시간당 유체입자의 이동거리로 표현되며, 유량(flow rate)은 일정한 단위 시간에 흐르는 기체나 액체의 양으로 정의된다. 유속과 유량은 모두 단위시간당 이동을 기준으로 하고 있는 물리량이다. 따라서 이들 물리량 사이에는 서로 연관성을 가지고 있다.

즉, 유속이 일정하게 유지되면 그 유속에 의해 흐르게 되는 유량도 결정된다고 할 수 있다. 그러므로 유속과 유량은 서로 비례하는 관계를 가진다고 할 수 있다.

$$\text{유량}(Q) \propto \text{유속}(U)$$

개념정리	유속(U)과 유량(Q)의 관계
	유량(Q)은 유속(U)에 비례한다. 유량(Q)$\propto$유속(U)

일정시간에 흐르는 기체나 액체의 양으로 정의되는 유량(flow rate)의 종류에 대해서 살펴보면 다음과 같다.

① 양을 부피로 나타내는 경우

일정시간에 흐르는 기체나 액체의 양을 부피로 나타낸 것을 **체적 유량(volume flow rate, *Q*)**이라고 한다. 우리가 보통 유량이라고 부르는 값은 바로 체적 유량을 의미한다.

유량은 $\left[\frac{\text{부피}}{\text{시간}}\right]$으로 나타내며, 단위로는 $\left[\frac{\text{m}^3}{\text{s}}\right]$으로 나타낸다.

② 양을 질량으로 나타내는 경우

일정시간에 흐르는 기체나 액체의 양을 질량으로 나타낸 것을 **질량 유량 (mass flow rate, $\overline{m}$)**이라고 한다. 질량유량은 시간에 따른 물질의 이동이라는 의미에서 질량 속도라고도 한다.

질량 유량은 $\left[\frac{질량}{시간}\right]$으로 나타내며, 단위로는 $\left[\frac{kg}{s}\right]$으로 나타낸다.

③ 양을 중량으로 나타내는 경우

일정시간에 흐르는 기체나 액체의 양을 중량으로 나타낸 것을 **중량 유량 (weight flow rate, *G*)**이라고 한다. 중량유량은 시간에 따른 중량의 이동이라는 의미에서 중량 속도라고도 한다.

중량 유량은 $\left[\frac{중량}{시간}\right]$으로 나타내며, 단위로는 $\left[\frac{N}{s}\right]$으로 나타낸다.

표 4-1 유량의 종류

유량의 종류		
유량(Q) [체적 속도]	정의	$\frac{부피}{시간}$
	차원	$\left[\frac{L^3}{T}\right] = [L^3T^{-1}]$
	단위	$\frac{m^3}{s}$
질량유량($\overline{m}$) [질량 속도]	정의	$\frac{질량}{시간}$
	차원	$\left[\frac{M}{T}\right] = [MT^{-1}]$
	단위	$\frac{kg}{s}$
중량유량(G) [중량 속도]	정의	$\frac{중량}{시간}$
	차원	$\left[\frac{F}{T}\right] = [FT^{-1}]$
	단위	$\frac{N}{s}$

소방에서 유체가 흐르는 유로(流路)는 주로 원통형 관을 통해서 흐르게 된다. 원통형관을 통해서 유체가 흐를 경우 원통형 관의 크기인 직경(*D*)의 변화에 따라서 유속이 변화한다. 유체가 흐를 때 관의 크기에 따라서 유체의 흐름속도가 어떻게 변화하는지 살펴보기로 하자.

먼저 유속(U)이 일정하게 유지되면 그 유속에 의해 흐르게 되는 유량(Q)도 결정된다고 할 수 있다. 그러므로 유속과 유량은 서로 비례하는 관계를 가진다고 할 수 있다.

$$\text{유량}(Q) \propto \text{유속}(U)$$

이 관계를 차원을 통해 살펴보면 다음과 같다. 유량의 차원은 $[L^3T^{-1}]$이고 유속의 차원은 $[LT^{-1}]$이므로 유량(Q)과 유속(U)의 관계를 그림 4-1을 통해서 살펴보자.

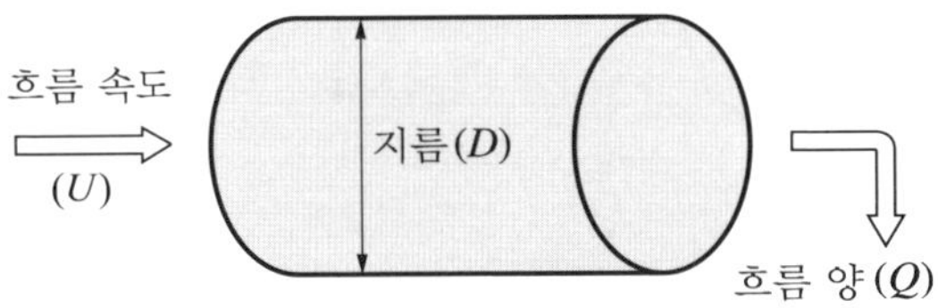

그림 4-1 유체의 유속(U)과 유량(Q)의 관계

일정한 직경(D)을 가진 원통형 관을 통해 유체가 U의 유속으로 흐르고 있는 경우를 생각하자. 이때 일정시간이 경과한 다음에 유체의 흐름량(Q)은 어떻게 결정되는가?

유체의 흐름량(Q)은 관의 직경(D)과 유체의 흐름속도(U)에 따라서 결정된다. 즉, 유체의 흐름속도가 커질수록 시간에 따른 유체의 이동량은 증가하고, 유체가 흐르는 관의 직경(D)이 클수록 유체의 흐름량(Q)도 증가한다.

$$\text{체적 유량}(Q) \propto \text{면적}(A) \times \text{유속}(U)$$

개념정리	유체의 흐름양(Q)과 유속(U) 그리고 면적(A)의 관계
	$\text{유량}(Q) \propto \text{면적}(A) \times \text{유속}(U)$

흐름에서 이동하는 물질의 속도를 유속이라 한다. 차원 해석적인 면에서 본다면 유속(flow rate)이라고 하는 것은 단위 시간당 이동한 거리를 의미한다. 그러므로 유속의 차원은 $[LT^{-1}]$로 나타낸다. 유체의 유량(Q)이 직경(D)에 비례한다는 것은 결과적으로 원통형 관의 면적(A) 크기에 비례하는 결과를 나타낸다.

원통형관의 면적(A)을 구하는 방법을 보면, 관의 직경이 D이고 반경이 r인 원통형관을 통해 유체가 흐른다면 원통형관의 단면적 A는 $A = \pi r^2 = \pi\left(\frac{D}{2}\right)^2 = \frac{\pi}{4}D^2$ 이 된다.

개념정리	원의 면적
	반경이 r 이고 직경이 D인 원통형관의 면적 A는 $A = \pi r^2 = \pi\left(\frac{D}{2}\right)^2 = \frac{\pi}{4}D^2$ 이 된다.

앞서 살펴본 내용으로부터 유체가 직경이 D인 원통형 관을 통해 유속 U의 속도로 흐를 때, 유량(Q)은 유속에 비례하고, 면적(A)에 비례하는 값을 가진다는 것을 확인하였다.

유체의 흐름속도(U)가 관의 크기(D)에 비례한다는 사실은 관의 면적(A)에 비례하는 것이므로 즉 $Q = UA$가 된다.

따라서 유속은 $U = \frac{Q}{A} = \frac{Q}{\frac{\pi}{4}D^2}$ [L/T]로 나타낸다.

여기서, Q : 유량 $[L^3/T]$, U : 평균 유속 [L/T]

A : 유로의 단면적 $[L^2]$ D : 관의 내경 [L]

개념정리	유체의 흐름양(Q)과 유속(U), 직경(D) 그리고 면적(A)의 관계
	직경이 D인 원통형 관을 통해 이동한 유체의 유속(U)과 유량(Q), 직경(D) 그리고 면적(A)의 관계는 다음과 같다. (1) 면적 $A = \pi r^2 = \frac{\pi}{4}D^2$ (2) 유속 $U = \frac{Q}{A} = \frac{Q}{\frac{\pi}{4}D^2} = \frac{4Q}{\pi D^2}$ (3) 유량 $Q = U \times A = U \times \frac{\pi}{4}D^2$

예제 4-1 직경(D)이 10 cm인 원통형 관의 면적은 몇 m^2인가?

solution 관의 직경이 10 cm이므로 $D = 10\ \text{cm} = 0.1\ \text{m} = 10^{-1}\ \text{m}$가 되어 원통형관의 면적 $A = \pi r^2 = \frac{\pi}{4}D^2$ 으로부터 면적 A를 계산하면 다음과 같다.

$$A = \pi r^2 = \pi\left(\frac{D}{2}\right)^2 = \frac{\pi}{4}D^2 = \frac{\pi}{4}(0.1\ \text{m})^2 = 7.85 \times 10^{-3}\ \text{m}^2$$ 이 된다.

예제 4-2 관의 면적이 0.025 m^2인 원통형 관을 통해 3.3 m^3/min의 유량으로 물이 흐르고 있을 때 물의 유속은 몇 m/s인가?

solution 유량(Q)과 면적(A)을 알고 있을 때 유속(U)을 계산하는 문제이다. $Q = UA$에서 유속 U를 구하면 다음과 같다.

$$U = \frac{Q}{A} = \frac{\dfrac{3.3\ \text{m}^3}{\text{min}} \times \boxed{\dfrac{1\ \text{min}}{60\ \text{s}}}}{0.025\ \text{m}^2} = \frac{2.2\ \text{m}}{\text{s}}$$

예제 4-3 직경(D)이 1.5 m인 원통형 관을 통해 0.85 m^3/s의 유량으로 물이 흐르고 있을 때 물의 유속은 몇 m/s인가?

solution 유량(Q)과 직경(D)을 알고 있을 때 유속(U)을 계산하는 문제이다. 관의 직경이 1.5 m이므로 $D = 1.5\ \text{m}$가 되어, 유체가 흐르는 관의 면적은 다음과 같다.

$$A = \pi r^2 = \pi\left(\frac{D}{2}\right)^2 = \frac{\pi}{4}D^2 = \frac{\pi}{4}(1.5\ \text{m})^2 = 1.77\ \text{m}^2$$ 이 된다.

면적(A) 값과 유속(U) 값을 이용해서 $Q = UA$에서 유속 U를 구하면 다음과 같다.

$$U = \frac{Q}{A} = \frac{\dfrac{0.85\ \text{m}^3}{\text{s}}}{1.77\ \text{m}^2} = \frac{0.48\ \text{m}}{\text{s}}$$

예제 4-4 직경(D)이 25.4 cm인 원통형 관을 통해 2.54 m^3/min의 유량으로 물이 흐르고 있을 때 물의 유속은 몇 m/s인가?

solution 제시된 조건에서 관의 직경이 25.4 cm이므로 $D = 25.4\ \text{cm} = 0.254\ \text{m}$가 되어 면적($A$)을 계산하면 다음과 같다.

$$A = \pi r^2 = \pi\left(\frac{D}{2}\right)^2 = \frac{\pi}{4}D^2 = \frac{\pi}{4}(0.254\ \text{m})^2 = 0.05\ \text{m}^2$$ 이 된다.

관의 면적이 0.05 m^2인 원통형 관을 통해 2.54 m^3/min의 유량으로 물이 흐르고 있을 때 물의 유속은 $Q=UA$에서 유속 U를 구하면 다음과 같다.

$$U = \frac{Q}{A} = \frac{\dfrac{2.54\ \mathrm{m}^3}{\mathrm{min}} \times \boxed{\dfrac{1\ \mathrm{min}}{60\ \mathrm{s}}}}{0.05\ \mathrm{m}^2} = \frac{0.85\ \mathrm{m}}{\mathrm{s}}$$

예제 4-5 원통형 배관내의 유량이 1.35 m^3/min이고 유속이 2.5 m/s일 경우 원통형 배관의 면적은 몇 m^2인가?

solution 유량(Q)과 유속(U)을 알고 관의 면적(A)을 계산하는 문제로 $Q=UA$에서 면적 A를 구한다.

주어진 조건에서 유량(Q) 값의 시간의 단위가 min이므로 이 값을 s로 환산하면 다음과 같다.

$$Q = \frac{1.35\ \mathrm{m}^3}{\mathrm{min}} = \frac{1.35\ \mathrm{m}^3}{\mathrm{min}} \times \boxed{\frac{1\ \mathrm{min}}{60\ \mathrm{s}}} = \frac{0.0225\ \mathrm{m}^3}{\mathrm{s}}$$ 가 된다.

그러므로 유량(Q)과 유속(U) 그리고 관의 면적(A)의 관계 $Q=UA$로부터 관의 면적 A를 계산하면 $A = \dfrac{Q}{U}$가 된다.

$$A = \frac{Q}{U} = \frac{\dfrac{0.0225\ \mathrm{m}^3}{\mathrm{s}}}{\dfrac{2.5\ \mathrm{m}}{\mathrm{s}}} = 0.009\ \mathrm{m}^2 = 9 \times 10^{-3}\ \mathrm{m}^2$$

예제 4-6 원통형 배관내의 유량이 750 ℓ/min이고 유속이 1.25 m/s일 경우 원통형 배관의 직경은 몇 cm인가?

solution 유량의 단위가 ℓ이므로 이 값을 m^3으로 환산하면 다음과 같다. 부피의 단위 환산값 중에서 1 m^3 = 1000 ℓ이므로

$$Q = \frac{750\ \ell}{\mathrm{min}} = \frac{750\ \ell}{\mathrm{min}} \times \boxed{\frac{1\ \mathrm{m}^3}{1000\ \ell}} \times \boxed{\frac{1\ \mathrm{min}}{60\ \mathrm{s}}} = \frac{0.0125\ \mathrm{m}^3}{\mathrm{s}}$$ 가 된다.

유량(Q)과 유속(U) 그리고 관의 면적(A)의 관계 $Q=UA$ 로부터 관의 면적 A를 계산하면 $A = \dfrac{Q}{U}$가 된다.

$$A = \frac{Q}{U} = \frac{\dfrac{0.0125\ \mathrm{m}^3}{\mathrm{s}}}{\dfrac{1.25\ \mathrm{m}}{\mathrm{s}}} = 0.01\ \mathrm{m}^2$$

면적(A)은 $A = \frac{\pi}{4}D^2$ 이므로 직경 D를 계산하면 $D^2 = \frac{4A}{\pi}$ 이므로 $D = \sqrt{\frac{4A}{\pi}}$ 가 되어 $D = \sqrt{\frac{4A}{\pi}} = \sqrt{\frac{4 \times 0.01\ \mathrm{m}^2}{\pi}} = 0.113\ \mathrm{m} = 11.3\ \mathrm{cm}$ 이 된다.

예제 4-7 옥내소화전설비의 방수량이 130 ℓ/min이고 앵글밸브의 직경이 40 mm일 때 유속은 몇 m/s인가?

solution 유량(Q)과 직경(D)을 알고 유속(U)을 계산하는 문제로 $Q = UA$에서 면적 A를 구하고 이 값을 이용하여 유속 U를 구한다.

유량의 단위가 ℓ이므로 이 값을 m^3으로 환산하면 다음과 같다. 부피의 단위 환산 값 중에서 $1\ \mathrm{m}^3 = 1000\ \ell$이므로

$$Q = \frac{130\ \ell}{\mathrm{min}} = \frac{130\ \ell}{\mathrm{min}} \times \boxed{\frac{1\ \mathrm{m}^3}{1000\ \ell}} \times \boxed{\frac{1\ \mathrm{min}}{60\ \mathrm{s}}} = \frac{2.17 \times 10^{-3}\ \mathrm{m}^3}{\mathrm{s}}$$ 가 된다.

주어진 조건에서 $D = 40\ \mathrm{mm} = 4\ \mathrm{cm} = 0.04\ \mathrm{m}$이므로

$A = \frac{\pi}{4}(0.04\ \mathrm{m})^2 = 1.256 \times 10^{-3}\ \mathrm{m}^2$ 이다.

그러므로 유속은

$$U = \frac{Q}{A} = \frac{\frac{2.17 \times 10^{-3}\ \mathrm{m}^3}{\mathrm{s}}}{1.256 \times 10^{-3}\ \mathrm{m}^2} = \frac{1.73\ \mathrm{m}}{\mathrm{s}}$$

예제 4-8 소방용수가 3 m/s의 평균속도로 직경이 65 mm인 원통형 관을 흐르고 있을 때 20분 후에 이동된 소방용수의 양은 몇 m^3인가?

solution 유속(U)과 유량(Q)의 관계로부터 관의 직경이 D이고 유속이 U일 때

$A = \frac{\pi}{4}D^2$ 이므로 유량(Q)은 다음과 같다.

$Q = UA = U \times \frac{\pi}{4}D^2$이 된다.

주어진 조건에서 $D = 65\ \mathrm{mm} = 6.5\ \mathrm{cm} = 6.5 \times 10^{-2}\ \mathrm{m}$ 이므로

$A = \frac{\pi}{4}(6.5 \times 10^{-2}\ \mathrm{m})^2 = 3.32 \times 10^{-3}\ \mathrm{m}^2$ 이며,

$Q = UA = U \times \frac{\pi}{4}D^2$ 에서

$$Q = UA = U \times \frac{\pi}{4}D^2 = \frac{3\ \mathrm{m}}{\mathrm{s}} \times 3.32 \times 10^{-3}\ \mathrm{m}^2 = \frac{9.96 \times 10^{-3}\ \mathrm{m}^3}{\mathrm{s}}$$ 가 되어

이를 단위 환산하면

$$Q = \frac{9.96 \times 10^{-3}\,\mathrm{m}^3}{\mathrm{s}} = \frac{9.96 \times 10^{-3}\,\mathrm{m}^3}{\mathrm{s}} \times \boxed{\frac{60\,\mathrm{s}}{1\,\mathrm{min}}} = \frac{0.5976\,\mathrm{m}^3}{\mathrm{min}}$$ 이 된다.

따라서 20분 후 이동된 물질의 부피는

$$V = \frac{0.5976\,\mathrm{m}^3}{\mathrm{min}} \times 20\,\mathrm{min} = 11.952\,\mathrm{m}^3$$

예제 4-9 소방용수가 1.5 m/s의 평균속도로 직경이 40 mm인 원통형 관을 흐르고 있을 때 이동된 소방용수의 양은 몇 ℓ/min인가?

solution 유속(U)과 유량(Q)의 관계로부터 관의 직경이 D이고 유속이 U일 때

$A = \frac{\pi}{4}D^2$이므로 유량(Q)은 다음과 같다.

$Q = UA = U \times \frac{\pi}{4}D^2$이 된다.

주어진 조건에서 $D = 40\,\mathrm{mm} = 4\,\mathrm{cm} = 4 \times 10^{-2}\,\mathrm{m}$이므로

$A = \frac{\pi}{4}(4 \times 10^{-2}\,\mathrm{m})^2 = 1.256 \times 10^{-3}\,\mathrm{m}^2$이며,

$Q = UA$에서 $Q = UA = \frac{1.5\,\mathrm{m}}{\mathrm{s}} \times 1.256 \times 10^{-3}\,\mathrm{m}^2 = \frac{1.884 \times 10^{-3}\,\mathrm{m}^3}{\mathrm{s}}$이 되어

이를 ℓ/min의 단위로 단위 환산하면

$$Q = \frac{1.884 \times 10^{-3}\,\mathrm{m}^3}{\mathrm{s}} = \frac{1.884 \times 10^{-3}\,\mathrm{m}^3}{\mathrm{s}} \times \boxed{\frac{1000\,\ell}{1\,\mathrm{m}^3}} \times \boxed{\frac{60\,\mathrm{s}}{1\,\mathrm{min}}} = \frac{113.04\,\ell}{\mathrm{min}}$$

4-2 유량의 상관관계

일정 시간에 흐르는 유체의 양으로 정의되는 흐름량(flow rate)의 종류에는 양을 부피로 나타내는 **체적 유량(유량)(volume flow rate, Q)**과 양을 질량으로 나타낸 **질량 유량(질량 속도)(mass flow rate, $\overline{m}$)** 그리고 양을 중량으로 나타내는 **중량 유량(중량 속도)(weight flow rate, G)** 등이 있다고 살펴보았다. 여기서는 이들 유량 사이의 상관관계에 대해서 살펴보기로 하자.

4-2-1 유량(Q)과 질량 속도($\overline{m}$)의 관계

유량은 $\left[\frac{\text{부피}}{\text{시간}}\right]$로 나타내며 질량 속도는 $\left[\frac{\text{질량}}{\text{시간}}\right]$으로 나타낸다. 그러므로 유량과 질량 속도의 관계는 부피와 질량의 상관관계와 같은 의미가 된다.

우리가 알고 있는 물성치 중에서 부피와 질량을 포함한 물성치는 $\frac{\text{질량(m)}}{\text{부피(V)}}$으로 표시되는 밀도(Density, ρ)가 있다.

따라서 유량과 질량 속도의 차원으로부터 두 값 사이의 관계를 살펴보면 다음과 같다.

유량의 차원은 $\left[\frac{\text{부피}(L^3)}{\text{시간}(T)}\right]$이고 질량 속도의 차원은 $\left[\frac{\text{질량}(M)}{\text{시간}(T)}\right]$이므로

$\frac{\text{질량}(M)}{\text{시간}(T)} = \frac{\text{부피}(L^3)}{\text{시간}(T)} \times \left[\frac{\text{질량}(M)}{\text{부피}(L^3)}\right]$이 된다.

그러므로 질량 속도($\overline{m}$) = 유량(Q) × 밀도(ρ)가 된다.

개념정리	질량 속도($\overline{m}$)와 유량(Q)의 관계
	질량 속도($\overline{m}$) = 유량(Q) × 밀도(ρ) = 유속(U) × 면적(A) × 밀도(ρ) $\overline{m} = \rho UA$

예제 4-10 옥내소화전 설비의 관창노즐을 통해 소방용수가 0.035 m^3/s로 흐르고 있다. 이 값을 kg/s의 단위로 환산하면 그 값은 얼마인가?

solution 이 문제는 흐름양의 값을 부피에서 질량으로 환산하는 것으로 액체의 밀도값을 이용하여 계산하는 문제이다. 소방용수는 물이므로 물의 밀도값인 1000 kg/m^3을 이용하면 해결할 수 있다. 즉, 질량 속도(kg/s)은 유량(m^3/s) × 밀도(kg/m^3)이므로 주어진 조건 0.035 m^3/s를 질량 속도(kg/s)로 환산하는 과정은 다음과 같다.

$\frac{0.035\ m^3}{s} = \frac{0.035\ m^3}{s} \times \frac{1000\ kg}{m^3} = \frac{35\ kg}{s}$ 이 된다.

예제 4-11 옥내소화전 설비의 관창노즐을 통해 소방용수가 25 kg/s로 흐르고 있다. 이 값을 m^3/s의 단위로 환산하면 그 값은 얼마인가?

solution 소방용수는 물이므로 물의 밀도값인 1000 kg/m^3을 이용하여 주어진 질량 속도 (kg/s)를 유량(m^3/s)으로 환산하면 다음과 같다.

$$\text{유량}\left(\frac{m^3}{s}\right) = \frac{\text{질량속도}\left(\frac{kg}{s}\right)}{\text{밀도}\left(\frac{kg}{m^3}\right)}\text{이므로}$$

$$\frac{25\text{ kg}}{s} = \frac{25\text{ kg}}{s} \times \frac{1\text{ m}^3}{1000\text{ kg}} = \frac{0.025\text{ m}^3}{s}\text{ 이 된다.}$$

예제 4-12 옥내소화전 설비의 관창노즐을 통해 소방용수가 0.13 m^3/min로 흐르고 있다. 이 값을 kg/s의 단위로 환산하면 그 값은 얼마인가?

solution 소방용수는 물이므로 물의 밀도값인 1000 kg/m^3과 시간의 단위 환산 인자인 1 min = 60 s를 이용해서 환산하면 다음과 같다.

$$\text{즉, 질량속도}\left(\frac{kg}{s}\right) = \text{유량}\left(\frac{m^3}{s}\right) \times \text{밀도}\left(\frac{kg}{m^3}\right)\text{로부터}$$

$$\frac{0.13\text{ m}^3}{\text{min}} \times \frac{1000\text{ kg}}{\text{m}^3} \times \boxed{\frac{1\text{ min}}{60\text{ s}}} = \frac{2.16\text{ kg}}{s}\text{ 이 된다.}$$

예제 4-13 직경이 20 cm인 소방용 호스를 통해 이동한 소방용수의 양이 200 kg/s이다. 이 조건에서 소방용수의 흐름속도는 몇 m/s인가?

solution 관의 직경을 아는 호스를 통해 흐르는 소방용수의 질량 속도에서 유속을 계산하는 것으로 액체의 밀도값을 이용하여 계산하는 문제이다. 소방용수는 물이므로 물의 밀도값인 1000 kg/m^3을 이용하여 다음과 같은 방법으로 해결할 수 있다.

㉠ 질량 속도$\left(\frac{kg}{s}\right)$ = 유량$\left(\frac{m^3}{s}\right)$ × 밀도$\left(\frac{kg}{m^3}\right)$이므로 질량 속도에서 유량을 계산하고

㉡ 유량 $Q = UA$이므로 관의 면적 A를 계산하여 $U = \frac{Q}{A}$를 이용해서 유속을 계산하면 된다.

먼저 질량 속도로부터 부피의 차원을 가진 유량을 계산하면

$$\frac{200\text{ kg}}{s} = \frac{200\text{ kg}}{s} \times \frac{1\text{ m}^3}{1000\text{ kg}} = \frac{0.2\text{ m}^3}{s}\text{ 이 된다.}$$

직경이 20 cm인 호스의 면적은 다음과 같다.

$$\text{면적}(A) = \frac{\pi}{4}D^2 = \frac{\pi}{4}(0.2\ \text{m})^2 = 0.0314\ \text{m}^2$$

유량(Q)과 면적(A) 값으로부터 유속을 구하면 $Q = UA$에서 $U = \dfrac{Q}{A}$가 된다.

$$\text{유속} = \frac{\text{유량}}{\text{면적}} = \frac{\dfrac{0.2\ \text{m}^3}{\text{s}}}{0.0314\ \text{m}^2} = \frac{6.37\ \text{m}}{\text{s}}$$

예제 4-14 비중이 0.85인 액상물질이 2시간 동안 100 m^3으로 흐르는 공정이 있다. 이 공정을 통하여 25분 동안에 이동된 액상물질의 양은 몇 kg인가?

solution 비중과 유량(Q)이 제시된 조건에서 일정시간 동안 이동된 액상물질의 양(kg)을 계산하는 문제이다. 즉, 부피값을 질량값으로 환산하는 것으로 밀도값을 이용하여 계산하면 된다. 밀도 대신 비중이 제시되었으므로 비중과 밀도의 관계로부터 밀도를 계산하여 활용한다. 비중 = (액체의 밀도)/(물의 밀도)이므로 액상물질의 밀도는 물의 밀도가 1000 kg/m^3이므로 비중이 0.85인 액상물질의 밀도는 다음과 같다.

$\dfrac{1000\ \text{kg}}{\text{m}^3} \times 0.85 = \dfrac{850\ \text{kg}}{\text{m}^3}$이 된다.

그러므로 제시된 값인 2시간 동안에 이동된 부피값 100 m^3으로부터 1분당 이동한 물질의 질량은 다음과 같다.

$\dfrac{100\ \text{m}^3}{120\ \text{min}} \times \dfrac{850\ \text{kg}}{\text{m}^3} = \dfrac{708.3\ \text{kg}}{\text{min}}$ 이 되는데

공정을 통해 흐르는 시간은 25분이므로 25분 동안에 이동한 액상물질의 양은 다음과 같이 계산한다.

$\dfrac{708.3\ \text{kg}}{\text{min}} \times 25\ \text{min} = 17708.3\ \text{kg}$이 된다.

예제 4-15 소방용 액체 소화약제가 공급되는 원통형 관의 직경이 10 cm이고 소화약제의 밀도가 0.9 g/cm^3이다. 소화약제가 250 g/s의 속도로 흐르고 있다. 이 조건에서 다음을 구하시오.

① 유량은 몇 cm^3/s인가? ② 유속은 몇 cm/s인가?

solution 소화약제의 밀도가 0.9 g/cm^3이므로 주어진 250 g/s의 질량 속도로부터 유량(Q)과 평균속도(U)를 구한다.

① 유량(Q)은 몇 cm^3/s인가?

$$질량속도\left(\frac{kg}{s}\right) = 유량\left(\frac{m^3}{s}\right) \times 밀도\left(\frac{kg}{m^3}\right)$$ 이므로

$$유량\left(\frac{m^3}{s}\right) = \frac{질량속도\left(\frac{kg}{s}\right)}{밀도\left(\frac{kg}{m^3}\right)}$$ 이다.

주어진 조건의 값으로부터 유량을 계산하면 다음과 같다.

$$유량 = \frac{질량\ 속도}{밀도} = \frac{\frac{250\ g}{s}}{\frac{0.9\ g}{cm^3}} = \frac{277.8\ cm^3}{s}$$

② 유속은 몇 cm/s인가?

$$유량\left(\frac{m^3}{s}\right) = 유속\left(\frac{m}{s}\right) \times 면적(m^2)$$ 이므로 $$유속\left(\frac{m}{s}\right) = \frac{유량\left(\frac{m^3}{s}\right)}{면적(m^2)}$$ 이 되어

면적 A를 계산해서 유속을 계산하면 된다. 원통형 관의 면적은 다음과 같다.

$$면적(A) = \frac{\pi}{4} D^2 = \frac{\pi}{4}(10\ cm)^2 = 78.5\ cm^2$$

$$유속\left(\frac{m}{s}\right) = \frac{유량\left(\frac{m^3}{s}\right)}{면적(m^2)}$$ 으로부터 유속을 계산하면

$$유속 = \frac{유량}{면적} = \frac{\frac{277.8\ cm^3}{s}}{78.5\ cm^2} = \frac{3.54\ cm}{s}$$

4-2-2 유량(Q)과 중량 속도(G)의 관계

유량은 $\left[\frac{부피}{시간}\right]$로 나타낼 수 있으며 중량 속도는 $\left[\frac{중량}{시간}\right]$으로 나타낸다. 그러므로 유량과 중량 속도의 상관관계는 부피와 중량의 상관관계와 같은 의미가 된다.

우리가 알고 있는 물성치 중에서 부피와 중량을 포함한 물성치는 $\frac{중량(w)}{부피(V)}$으로 표시되는 비중량(specific weight, γ)이 있다. 따라서 유량과 중량 속도의 차원으로부터 두 값 사이의 관계를 살펴보면 다음과 같다.

유량의 차원은 $\left[\frac{\text{부피}(L^3)}{\text{시간}(T)}\right]$이고 중량 속도의 차원은 $\left[\frac{\text{중량}(F)}{\text{시간}(T)}\right]$이므로

$\frac{\text{중량}(F)}{\text{시간}(T)} = \frac{\text{부피}(L^3)}{\text{시간}(T)} \times \left[\frac{\text{중량}(F)}{\text{부피}(L^3)}\right]$이 된다.

그러므로 중량 속도(G) = 유량(Q) × 비중량(γ)가 된다.

개념정리	중량 속도(G)와 유량(Q)의 관계
	중량 속도(G) = 유량(Q) × 비중량(γ) = 유속(U) × 면적(A) × 비중량(γ) $G = \gamma Q = \gamma U A$

예제 4-16 옥내소화전 설비의 관창노즐을 통해 소방용수가 0.13 m^3/min로 흐르고 있다. 이 값을 N/s의 단위로 환산하면 그 값은 얼마인가?

solution 흐름양의 값을 부피(m^3)에서 중량(N)으로 환산하는 것으로 액체의 비중량을 이용하여 계산하는 문제이다. 소방용수는 물이므로 물의 밀도값인 1000 kg/m^3으로부터 물의 비중량을 계산하면 다음과 같다.

물의 비중량 $\gamma = \rho \times g = \frac{1000\ \text{kg}}{\text{m}^3} \times \frac{9.8\ \text{m}}{\text{s}^2} = \frac{9800\ \text{N}}{\text{m}^3}$이 된다.

개념정리	물의 비중량
	$\gamma = \rho \times g = \frac{1000\ \text{kg}}{\text{m}^3} \times \frac{9.8\ \text{m}}{\text{s}^2} = \frac{9800\ \text{kg}\cdot\text{m}/\text{s}^2}{\text{m}^3} = \frac{9800\ \text{N}}{\text{m}^3}$

따라서 소방용수의 중량 속도는 다음과 같이 계산한다.

중량 속도(G) = 유량(Q) × 비중량(γ) 이므로

$\frac{0.13\ \text{m}^3}{\text{min}} \times \frac{9800\ \text{N}}{\text{m}^3} \times \boxed{\frac{1\ \text{min}}{60\ \text{s}}} = \frac{21.2\ \text{N}}{\text{s}}$ 이 된다.

예제 4-17 중량 속도가 98 N/s인 소방용수가 원통형 관을 통해 흐른다. 관의 직경이 10 cm일 때 소방용수의 유속은 몇 m/s인가?

solution 중량 속도(N/s)로부터 유속(m/s)을 계산하는 것으로

㉠ 중량 속도$\left(\frac{\text{N}}{\text{s}}\right)$= 유량$\left(\frac{\text{m}^3}{\text{s}}\right)$× 비중량$\left(\frac{\text{N}}{\text{m}^3}\right)$이므로 비중량 값을 활용해서 중량 속도에서 유량(Q)을 계산하고

㉡ 유량 $Q = UA$이므로 관의 면적 A를 계산하여 $U = \frac{Q}{A}$를 이용해서 유속을 계산하면 된다.

관의 직경이 D이고 유속이 U일 때 $A = \frac{\pi}{4}D^2$이므로

$Q = UA = U \times \frac{\pi}{4}D^2$이 되며, $G = \gamma UA = \gamma U \times \frac{\pi}{4}D^2$로 나타낼 수 있다.

주어진 조건에서 $D = 10\ \text{cm} = 0.1\ \text{m}$이므로

$A = \frac{\pi}{4}(0.1\ \text{m})^2 = 7.85 \times 10^{-3}\ \text{m}^2$이며

유체의 중량 속도가 98 N/s이므로 물의 경우 비중량이 9800 N/m^{3}이므로

$G = \gamma UA$ 에서 $U = \frac{G}{\gamma A}$가 된다.

$$U = \frac{G}{\gamma A} = \frac{\frac{98\,\text{N}}{\text{s}}}{\frac{9800\,\text{N}}{\text{m}^3} \times 7.85 \times 10^{-3}\ \text{m}^2} = \frac{1.274\ \text{m}}{\text{s}}$$

4-2-3 질량 속도($\overline{m}$)와 중량 속도(G)의 관계

질량 속도 $\left[\frac{\text{질량}}{\text{시간}}\right]$와 중량 속도 $\left[\frac{\text{중량}}{\text{시간}}\right]$의 관계는 질량과 중량의 관계와 같다. 즉, 중량 $w = mg$이므로 질량 속도와 중량 속도의 관계는 <중량 속도 = 질량 속도 ×g>의 관계와 같은 의미를 가진다고 할 수 있다.

예제 4-18 중량 속도가 98 N/s인 소방용수의 질량 속도는 몇 kg/s인가?

solution

질량 속도와 중량 속도의 관계는 <중량 속도 = 질량 속도 × g>이므로

$\text{질량 속도} = \frac{\text{중량 속도}}{g}$가 된다.

따라서 98 N/s인 소방용수의 질량 속도는 다음과 같다.

$$\text{질량 속도} = \frac{\text{중량 속도}}{g} = \frac{98\ \text{N/s}}{9.8\ \text{m/s}^2} \times \frac{1\ \text{kg}\cdot\text{m/s}^2}{1\ \text{N}} = \frac{10\ \text{kg}}{\text{s}}$$

보 충 문 제

문제 Ⅳ-1 원통형 관의 직경이 13 mm일 때 관의 면적은 몇 cm^2인가?

풀이 관의 직경이 13 mm이므로 D = 13 mm = 1.3 cm가 되어

$A = \pi r^2 = \pi \left(\frac{D}{2}\right)^2 = \frac{\pi}{4} D^2 = \frac{\pi}{4}(1.3\ \text{cm})^2 = 1.33\ \text{cm}^2$이 된다.

문제 Ⅳ-2 원통형 관의 면적이 0.25 m^2일 때 관의 직경은 몇 m인가?

풀이 원통형 관의 면적(A)을 알고 있을 때 관의 직경을 구하는 문제이다.

면적(A)은 $A = \frac{\pi}{4} D^2$이므로 D를 계산하면 된다.

$D = \sqrt{\frac{4A}{\pi}} = \sqrt{\frac{4 \times 0.25\ \text{m}^2}{\pi}} = 0.564\ \text{m}$ 이 된다.

문제 Ⅳ-3 소화전 설비 노즐의 직경이 20 cm이고, 방수량이 0.26 m^3/s일 때 노즐에서 방사되는 소방용수의 유속은 몇 m/s인가?

풀이 유량(Q)과 직경(D)을 알고 있을 때 유속(U)을 계산하는 문제이다. 관의 직경이 20 cm이므로 D = 20 cm = 0.2 m가 되어

$A = \pi r^2 = \pi \left(\frac{D}{2}\right)^2 = \frac{\pi}{4} D^2 = \frac{\pi}{4}(0.2\ \text{m})^2 = 3.14 \times 10^{-2}\ \text{m}^2$이 된다.

유량(Q)과 유속(U), 그리고 면적(A)의 관계 $Q = UA$에서 유속 U를 구하면 다음과 같다.

$$U = \frac{Q}{A} = \frac{\frac{0.26\ \text{m}^3}{\text{s}}}{3.14 \times 10^{-2}\ \text{m}^2} = \frac{8.28\ \text{m}}{\text{s}}$$

문제 Ⅳ-4 옥외소화전 설비 노즐의 직경이 19 mm이고, 방수량이 350 ℓ/min일 때 노즐에서 방사되는 소방용수의 유속은 몇 m/s인가?

풀이 유량(Q)과 직경(D)을 알고 있을 때 유속(U)을 계산하는 문제이다. 관의 직경이 19 mm이므로 D = 19 mm = 1.9 cm가 되어 면적(A)을 계산하면

$A = \pi r^2 = \pi \left(\frac{D}{2}\right)^2 = \frac{\pi}{4} D^2 = \frac{\pi}{4}(1.9\ \text{cm})^2 = 2.83\ \text{cm}^2$이 된다.

유량(Q)과 유속(U), 그리고 면적(A)의 관계 $Q = UA$에서 유속 U를 구하면 다음과

같다. 이때 유량의 단위가 ℓ/min이므로 유속(m/s)을 구하기 위해서는 부피의 단위 환산인자인 $1\text{ m}^3 = 1000\ \ell$와 시간의 단위 환산인자인 $1\text{ min} = 60\text{ s}$를 활용해야 한다.

$$U = \frac{Q}{A} = \frac{\frac{350\ \ell}{\text{min}} \times \boxed{\frac{1\text{ m}^3}{1000\ \ell}} \times \boxed{\frac{1\text{ min}}{60\text{ s}}}}{2.83\text{ cm}^2 \times \boxed{\left(\frac{1\text{ m}}{100\text{ cm}}\right)^2}} = \frac{20.61\text{ m}}{\text{s}}$$

문제 Ⅳ-5 옥외소화전 설비 노즐의 직경이 19 mm이고, 유속이 3 m/s일 때 유량은 몇 m^3/s인가?

풀이 유속(U)과 직경(D)을 알고 있을 때 유량(Q)을 계산하는 문제이다. 관의 직경이 19 mm이므로 D = 19 mm = 1.9 cm가 되어 면적(A)을 계산하면

$A = \pi r^2 = \pi\left(\frac{D}{2}\right)^2 = \frac{\pi}{4}D^2 = \frac{\pi}{4}(1.9\text{ cm})^2 = 2.83\text{ cm}^2$이 된다.

$Q = UA$에서 유량 Q를 구하면 다음과 같다.

$Q = UA = U \times \frac{\pi}{4}D^2$에서

$Q = UA = U \times \frac{\pi}{4}D^2 = \frac{3\text{ m}}{\text{s}} \times 2.83\text{ cm}^2 \times \boxed{\left(\frac{1\text{ m}}{100\text{ cm}}\right)^2} = \frac{8.49 \times 10^{-4}\text{ m}^3}{\text{s}}$이다.

문제 Ⅳ-6 소방용수가 3 m/s의 평균속도로 직경이 80 mm인 원통형 관을 흐르고 있을 때 이동된 소방용수의 양은 몇 ℓ/min인가?

풀이 유속(U)과 관의 직경(D)이 주어졌을 때 유량(Q)을 계산하는 문제이다. 관의 직경이 D이고 유속이 U일 때 $A = \frac{\pi}{4}D^2$이므로 유량(Q)은 다음과 같다.

$Q = UA = U \times \frac{\pi}{4}D^2$이 된다.

주어진 조건에서 $D = 80\text{ mm} = 8\text{ cm} = 8 \times 10^{-2}\text{ m}$이므로 여기서 면적($A$)을 계산하면 $A = \frac{\pi}{4}(8 \times 10^{-2}\text{ m})^2 = 5.024 \times 10^{-3}\text{ m}^2$이며, 유량($Q$)과 유속($U$) 그리고 면적($A$)의 관계에서

$Q = UA = U \times \frac{\pi}{4}D^2$이므로, 유량($Q$)을 계산하면

$Q = UA = U \times \frac{\pi}{4}D^2 = \frac{3\text{ m}}{\text{s}} \times 5.024 \times 10^{-3}\text{ m}^2 = \frac{0.015\text{ m}^3}{\text{s}}$가 되어 이를

단위 환산하면

$$Q = \frac{0.015\text{ m}^3}{\text{s}} = \frac{0.015\text{ m}^3}{\text{s}} \times \boxed{\frac{60\text{ s}}{1\text{ min}} \times \frac{1000\ \ell}{1\text{ m}^3}} = \frac{90432\ \ell}{\text{min}}$$

문제 IV-7 직경(D)이 20 mm인 원통형 소방호스를 통해 1.25 m^3/min의 유량으로 소방용수가 흐르고 있을 때 소방용수의 유속은 몇 m/s인가?

풀이 유량(Q)과 직경(D)을 알고 있을 때 유속(U)을 계산하는 문제이다. 호스의 직경이 20 mm이므로 D = 2 cm = 0.02 m가 되어

$A = \pi r^2 = \pi\left(\frac{D}{2}\right)^2 = \frac{\pi}{4}D^2 = \frac{\pi}{4}(0.02\ \mathrm{m})^2 = 3.14\times 10^{-4}\ \mathrm{m}^2$이 된다.

계산된 면적(A)의 값과 유량(Q)의 값을 이용해서 $Q = UA$에서 유속 U를 구하면 다음과 같다.

$$U = \frac{Q}{A} = \frac{\frac{1.25\ \mathrm{m}^3}{\mathrm{min}} \times \boxed{\frac{1\ \mathrm{min}}{60\ \mathrm{s}}}}{3.14\times 10^{-4}\ \mathrm{m}^2} = \frac{66.34\ \mathrm{m}}{s}$$

문제 IV-8 소방용 저수조에 연결된 원통형 배관을 통해 0.8 m^3/min의 유량으로 소방용수가 유출되고 있다. 이 조건에서 소방용수의 흐름속도를 3.0 m/s로 유지하려면 원통형 배관의 면적은 몇 m^2로 하여야 하는가?

풀이 유량(Q)과 유속(U)을 알고 관의 면적(A)을 계산하는 문제로 $Q = UA$에서 면적 A를 구한다. 주어진 조건에서 유량의 시간의 단위가 min이므로 이 값을 s로 환산하면 다음과 같다.

$Q = \frac{0.8\ \mathrm{m}^3}{\mathrm{min}} = \frac{0.8\ \mathrm{m}^3}{\mathrm{min}} \times \boxed{\frac{1\ \mathrm{min}}{60\ \mathrm{s}}} = \frac{0.0133\ \mathrm{m}^3}{\mathrm{s}}$ 가 된다.

그러므로 관의 면적은

$$A = \frac{Q}{U} = \frac{\frac{0.0133\ \mathrm{m}^3}{\mathrm{s}}}{\frac{3.0\ \mathrm{m}}{\mathrm{s}}} = 4.4\times 10^{-3}\ \mathrm{m}^2$$

문제 IV-9 옥내 소화전에 연결된 관창에서 방사되는 소방용수의 방사량이 130 ℓ/min이고 유속이 3.0 m/s일 경우 옥내소화전에 연결된 관창 노즐의 직경은 몇 mm인가?

풀이 유량(Q)과 유속(U)을 알고 관의 직경(D)을 계산하는 문제로 $Q = UA$에서 면적 A를 구하고 이 값을 이용하여 직경 D를 구한다.
주어진 조건에서 유량의 단위가 ℓ이므로 이 값을 m^3으로 환산하면 다음과 같다.
부피의 단위 환산 값 중에서 1 m^3 = 1000 ℓ이므로

$Q = \frac{130\ \ell}{\mathrm{min}} = \frac{130\ \ell}{\mathrm{min}} \times \boxed{\frac{1\ \mathrm{m}^3}{1000\ \ell} \times \frac{1\ \mathrm{min}}{60\ \mathrm{s}}} = \frac{2.17\times 10^{-3}\ \mathrm{m}^3}{\mathrm{s}}$ 가 된다.

그러므로 관의 면적은 $Q=UA$에서 $A=\frac{Q}{U}$가 되어

$$A=\frac{Q}{U}=\frac{\frac{2.17\times10^{-3}\,\mathrm{m}^3}{\mathrm{s}}}{\frac{3\,\mathrm{m}}{\mathrm{s}}}=7.22\times10^{-4}\,\mathrm{m}^2$$

면적(A)은 $A=\frac{\pi}{4}D^2$이므로 여기서 직경 D는 다음과 같다.

$D=\sqrt{\frac{4A}{\pi}}=\sqrt{\frac{4\times7.22\times10^{-4}m^2}{\pi}}=0.0303\,\mathrm{m}=30.3\,\mathrm{mm}$이 된다.

문제 Ⅳ-10 옥외 소화전 설비의 관창노즐을 통해 소방용수가 0.35 m^3/min로 흐르고 있다. 이 값을 kg/s의 단위로 환산하면 그 값은 얼마인가?

풀이 이 문제는 흐름양의 값을 부피에서 질량으로 환산하는 것으로 액체의 밀도값을 이용하여 계산하는 문제이다. 소방용수는 물이므로 물의 밀도값인 1000 kg/m^3을 이용하면 해결할 수 있다.

질량속도$\left(\frac{\mathrm{kg}}{\mathrm{s}}\right)$= 유량$\left(\frac{\mathrm{m}^3}{\mathrm{s}}\right)\times$ 밀도$\left(\frac{\mathrm{kg}}{\mathrm{m}^3}\right)$에서

$\frac{0.35\,\mathrm{m}^3}{\mathrm{min}}=\frac{0.35\,\mathrm{m}^3}{\mathrm{min}}\times\frac{1000\,\mathrm{kg}}{\mathrm{m}^3}\times\boxed{\frac{1\,\mathrm{min}}{60\,\mathrm{s}}}=\frac{5.83\,\mathrm{kg}}{\mathrm{s}}$이 된다.

문제 Ⅳ-11 소방용수가 2.5 m/s의 평균속도로 직경이 50 mm인 원통형 관을 흐르고 있을 때 이동된 소방용수의 양은 몇 kg/s인가?

풀이 유속(U)과 유량(Q)의 관계로부터 관의 직경이 D이고 유속이 U일 때 $A=\frac{\pi}{4}D^2$이므로 유량(Q)은 다음과 같다.

$Q=UA=U\times\frac{\pi}{4}D^2$이 된다.

주어진 조건에서 $D=50\,\mathrm{mm}=5\,\mathrm{cm}=5\times10^{-2}\,\mathrm{m}$이므로

$A=\frac{\pi}{4}(5\times10^{-2}\,\mathrm{m})^2=1.96\times10^{-3}\,\mathrm{m}^2$이며, $Q=UA=U\times\frac{\pi}{4}D^2$에서

$Q=UA=U\times\frac{\pi}{4}D^2=\frac{2.5\,\mathrm{m}}{\mathrm{s}}\times1.96\times10^{-3}\,\mathrm{m}^2=\frac{4.9\times10^{-3}\,\mathrm{m}^3}{\mathrm{s}}$이 된다.

소방용수는 물이므로 물의 밀도값인 1000 kg/m^3을 이용하면 유량(Q)으로부터 질량 속도(kg/s)를 계산할 수 있다.

$$질량속도\left(\frac{kg}{s}\right) = 유량\left(\frac{m^3}{s}\right) \times 밀도\left(\frac{kg}{m^3}\right)$$ 로부터

$$\frac{4.9\times10^{-3}\,m^3}{s} = \frac{4.9\times10^{-3}\,m^3}{s}\times\frac{1000\,kg}{m^3} = \frac{4.9\,kg}{s}$$ 이 된다.

문제 Ⅳ-12 옥외 소화전 설비에서 직경이 19 mm인 관창노즐을 통해 소방용수가 0.35 m/s로 흐르고 있다. 이 값을 kg/min의 단위로 환산하면 그 값은 얼마인가?

풀이 유속(U)과 유량(Q)의 관계로부터 관의 직경이 D이고 유속이 U일 때 $A = \frac{\pi}{4}D^2$ 이므로 유량(Q)은 다음과 같다. $Q = UA = U \times \frac{\pi}{4}D^2$이 된다.

주어진 조건에서 D = 19 mm = 1.9 cm = 1.9×10^{-2} m이므로

$A = \frac{\pi}{4}(1.9\times10^{-2}\,m)^2 = 2.83\times10^{-4}\,m^2$이며, $Q = UA = U \times \frac{\pi}{4}D^2$ 에서

$$Q = UA = U\times\frac{\pi}{4}D^2 = \frac{0.35\,m}{s}\times 2.83\times10^{-4}\,m^2 = \frac{9.9\times10^{-5}\,m^3}{s}$$ 이 된다.

소방용수는 물이므로 물의 밀도값인 1000 kg/m^3을 이용하면 계산된 유량(m^3/s)으로부터 질량 속도(kg/s)를 계산할 수 있다.

$$\overline{m} = Q\rho = \frac{9.9\times10^{-5}\,m^3}{s}\times\frac{1000\,kg}{m^3}\times\boxed{\frac{60\,s}{1\,min}} = \frac{5.95\,kg}{min}$$ 이 된다.

문제 Ⅳ-13 비중이 0.95인 액체 소화약제를 1 시간동안 1800 ℓ를 저장탱크로 이동시키려고 한다. 이동시키기 시작한지 15분이 경과 했을 때 이동된 액체 소화약제의 양은 몇 kg인가?

풀이 이 문제는 비중과 유량(Q)이 제시된 조건에서 일정시간 동안 이동된 물질의 양(kg)을 계산하는 문제이다. 비중 = (액체의 밀도)/ (물의 밀도)이므로 액상물질의 밀도는 물의 밀도가 1000 kg/m^3이므로

$$\frac{1000\,kg}{m^3}\times 0.95 = \frac{950\,kg}{m^3}$$ 이 된다.

그러므로 제시된 값인 1시간 동안에 이동된 부피 값 1800 ℓ로부터 이 값을 질량으로 환산하면 $질량속도\left(\frac{kg}{s}\right) = 유량\left(\frac{m^3}{s}\right)\times 밀도\left(\frac{kg}{m^3}\right)$이므로

$$\frac{1800\,\ell}{60\,min}\times\boxed{\frac{1\,m^3}{1000\,\ell}}\times\frac{950\,kg}{m^3} = \frac{28.5\,kg}{min}$$ 이 된다.

그러므로 15분이 경과한 후에 이동한 액체소화약제의 양은

$\frac{28.5\ \text{kg}}{\text{min}} \times 15\ \text{min} = 427.5\ \text{kg}$이 된다.

문제 Ⅳ-14 직경이 40 mm인 옥내소화전 설비의 앵글밸브를 통해 소방용수가 1.3 kg/s의 속도로 흐르고 있다. 이 조건에서 다음을 구하시오.

① 유량은 몇 ℓ/min인가? ② 흐름속도는 몇 m/s인가?

풀이 소방용수는 물이므로 밀도가 1000 kg/m^{3}이므로 주어진 1.3 kg/s의 질량 속도로부터 유량(Q)과 평균속도(U)를 구한다.

① 유량은 몇 ℓ/min인가?

$$\text{질량 속도}\left(\frac{\text{kg}}{\text{s}}\right) = \text{유량}\left(\frac{\text{m}^3}{\text{s}}\right) \times \text{밀도}\left(\frac{\text{kg}}{\text{m}^3}\right)\text{이므로 유량} = \frac{\text{질량 속도}}{\text{밀도}}\text{가 된다.}$$

$$\text{유량} = \frac{\text{질량 속도}}{\text{밀도}} = \frac{\frac{1.3\ \text{kg}}{\text{s}}}{\frac{1000\ \text{kg}}{\text{m}^3}} = \frac{1.3 \times 10^{-3}\ \text{m}^3}{\text{s}}$$

$$\text{유량} = \frac{1.3 \times 10^{-3}\ \text{m}^3}{\text{s}} \times \boxed{\frac{1000\ \ell}{1\ \text{m}^3} \times \frac{60\ \text{s}}{1\ \text{min}}} = \frac{78\ \ell}{\text{min}}$$

② 흐름 속도는 몇 m/s인가?

유량=속도 x 면적이므로, 면적을 계산하여 유속을 계산하면 된다.

$$\text{면적}(A) = \frac{\pi}{4}D^2 = \frac{\pi}{4}(4\ \text{cm})^2 = 12.56\ \text{cm}^2$$

$$\text{흐름 속도} = \frac{\text{유량}}{\text{면적}} = \frac{\frac{78\ \ell}{\text{min}} \times \boxed{\frac{1\ \text{min}}{60\ \text{s}}} \times \boxed{\frac{1000\ \text{cm}^3}{1\ \ell}}}{12.56\ \text{cm}^2} = \frac{103.5\ \text{cm}}{\text{s}} = \frac{1.035\ \text{m}}{\text{s}}$$

문제 Ⅳ-15 옥외소화전 설비의 관창노즐을 통해 소방용수가 350 ℓ/min로 흐르고 있다. 이 값을 ① m^3/s의 단위와 ② N/s의 단위로 환산하면 그 값은 얼마인가?

풀이 이 문제는 흐름양의 값을 부피에서 질량으로 환산하는 것으로 액체의 밀도값을 이용하여 계산하는 문제이다. 소방용수는 물이므로 물의 밀도값인 1000 kg/m^{3}을 이용하면 해결할 수 있다.

① m^3/s의 단위

부피단위 환산인자에서 1 m^3 = 1000 ℓ이므로 단위 환산하면 다음과 같다.

$$Q = \frac{350\ \ell}{\text{min}} = \frac{350\ \ell}{\text{min}} \times \boxed{\frac{1\ \text{m}^3}{1000\ \ell} \times \frac{1\ \text{min}}{60\ \text{s}}} = \frac{5.83 \times 10^{-3}\ \text{m}^3}{\text{s}}$$

② N/s의 단위

부피인 m^3 단위를 중량단위인 N으로 환산하는 것으로 비중량 값을 이용하여 환산한다.

물의 비중량 $\gamma = \rho \times g = \frac{1000\ \mathrm{kg}}{\mathrm{m}^3} \times \frac{9.8\ \mathrm{m}}{\mathrm{s}^2} = \frac{9800\ \mathrm{N}}{\mathrm{m}^3}$이 된다.

따라서 소방용수의 중량 속도는 다음과 같이 계산한다.

$\frac{5.83 \times 10^{-3}\ \mathrm{m}^3}{\mathrm{s}} \times \frac{9800\ \mathrm{N}}{\mathrm{m}^3} = \frac{57.134\ \mathrm{N}}{\mathrm{s}}$이 된다.

문제 Ⅳ-16 소방용수가 직경이 10 cm인 원통형 관을 통해 유량 0.3 m^3/s로 흐른다. 이때 소방용수의 중량 속도는 몇 kg_f/s인가?

풀이 부피인 m^3 단위를 중량단위인 kg_f로 환산하는 것으로 비중량 값을 이용하여 환산한다. 관의 직경이 D이고 유속이 U일 때 $Q = UA$이 되며, $G = \gamma UA = \gamma Q$로 나타낼 수 있다.

소방용수인 물의 경우 비중량이 9800 N/m^3이므로 $G = \gamma UA = \gamma Q$에서

$$G = \gamma Q = \frac{9800\ \mathrm{N}}{\mathrm{m}^3} \times \frac{0.3\ \mathrm{m}^3}{\mathrm{s}} \times \boxed{\frac{1\ \mathrm{kg_f}}{9.8\ \mathrm{N}}} = \frac{300\ \mathrm{kg_f}}{\mathrm{s}}$$

문제 Ⅳ-17 소방용수가 직경이 15 cm인 원통형 관을 통해 유속은 3 m/s으로 흐른다. 이때 소방용수의 중량 속도는 몇 N/s인가?

풀이 관의 직경이 D이고 유속이 U일 때 $A = \frac{\pi}{4}D^2$이므로

$Q = UA = U \times \frac{\pi}{4}D^2$이 되며, $G = \gamma UA = \gamma U \times \frac{\pi}{4}D^2$로 나타낼 수 있다.

주어진 조건에서 $D = 15\ \mathrm{cm} = 0.15\ \mathrm{m}$이므로

$A = \frac{\pi}{4}(0.15\ \mathrm{m})^2 = 0.0177\ \mathrm{m}^2$이므로 유량($Q$)은 다음과 같다.

$$Q = UA = U \times \frac{\pi}{4}D^2 \text{에서}$$

$$Q = UA = \frac{3\ \mathrm{m}}{\mathrm{s}} \times 0.0177\ \mathrm{m}^2 = \frac{0.053\ \mathrm{m}^3}{\mathrm{s}} \text{이 된다.}$$

물의 경우 비중량이 9800 N/m^3이므로 $G = \gamma UA = \gamma Q$에서

$$G = \gamma Q = \frac{9800\ \mathrm{N}}{\mathrm{m}^3} \times \frac{0.053\ \mathrm{m}^3}{\mathrm{s}} = \frac{519.4\ \mathrm{N}}{\mathrm{s}}$$

Chapter 5

압 력

일상생활에서 압력이라는 용어를 사용하는 경우가 많다. 소방분야에서는 가정에서 널리 사용하는 축압식 소화기에 압력계가 붙어 있는 등 소방 설비의 사용 기준을 제시할 때 압력을 기준으로 해서 나타내는 경우가 많다. 여기서는 압력단위를 중심으로 압력에 대해서 구체적으로 살펴보기로 하자.

공학적인 관점에서는 단위면적에 작용하는 힘[F/L^2]을 압력이라 하며, 표준단위로는 N/m^2 = Pa(pascal)이 사용된다. 면적 A에 수직으로 작용하는 힘을 F라 하면 여기에 미치는 압력 P는 F/A이다. 정지하고 있는 유체에 중력가속도가 작용하여 생기는 힘에 의하여 그 밑면에 미치는 압력을 정압(static pressure)이라 한다.

5-1 압력의 단위

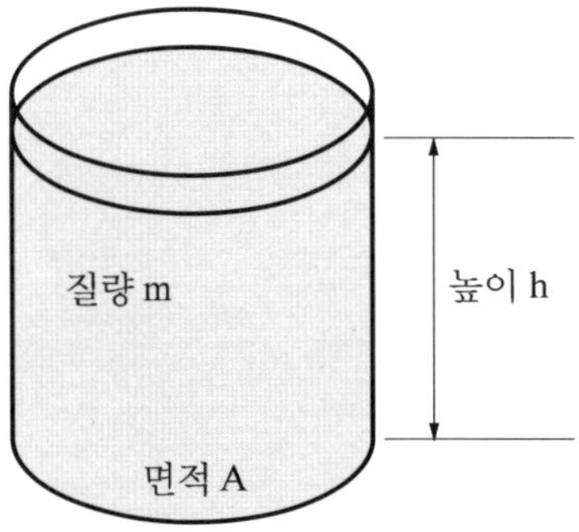

그림 5-1 유체에 의한 압력

그림 5-1에서 보는 바와 같이 높이가 h 이고, 면적이 A인 원기둥에 밀도 ρ인 액체가 가득 차 있다면 액체의 부피(V)는 $V = Ah$이므로 질량은 밀도(ρ)와 질량(m)의 관계 $\rho = \frac{m}{V}$에 의해 $m = \rho V = \rho A h$이 된다.

수직방향으로 가해진 힘은 $F = mg$이므로 압력의 정의인 단위 면적(A)당 가해진 힘(F)인 $P = \frac{F}{A}$를 계산하면 다음과 같이 나타낼 수 있다.

액체에 의해 용기의 밑면에 미치는 압력은 $P = \frac{F}{A} = \frac{mg}{A} = \frac{\rho A h g}{A} = \rho g h$으로 나타낼 수 있다.

액체의 높이 h는 길이의 차원이므로 [L], 액체의 밀도 ρ는 단위 부피당 차지하는 질량이므로 차원으로 표시하면 $[M/L^3]$, 그리고 중력가속도 g는 $[L/T^2]$이므로 압력을 차원으로 나타내면 다음과 같다.

$P = \frac{F}{A} = \rho g h = \left[\frac{M}{L^3} \times \frac{L}{T^2} \times L\right] = \left[\frac{M}{LT^2}\right]$이 된다.

개념정리	압력 (Pressure)			
	정 의	차원		단 위
		힘의 차원	기본차원	
	힘/면적	$[FL^{-2}]$	$\left[\frac{M}{LT^2}\right]$	N/m^2 (=Pa)

5-1-1 수은(Hg)과 물의 높이를 기준으로 한 압력 단위

토리체리의 실험 결과에 의하면 지구의 중력에 대해서 대기권이 지니는 힘은 수은(Hg)을 76 cm 높이만큼 잡아당기는 힘이라고 할 수 있다. 이 힘을 대기(atmosphere)가 가지는 힘이라고 해서 1 atm 이라고 정의 하였다. 이 값을 **표준 대기압**이라고 한다.

개념정리	표준 대기압
	1 atm = 760 mmHg

압력값이 액체가 존재하는 단면의 크기에 무관하다면, 밀도를 아는 유체의 높이로서 나타낼 수 있다. 따라서 모든 액체를 이용해서 압력을 표기할 수 있으나, 압력의 단위 체계에서 사용하는 액체는 기준물질인 물과 비중이 가장 큰 액체인 수은(Hg) 두 가지만을 이용해서 나타낸다. 그러므로 액체의 높이로 나타낸 압력값을 계산할 때에는 물의 높이(mH_2O)와 수은의 높이(mmHg)의 압력 단위만 사용한다.

$$P = \rho g h = \rho_{Hg}\, g\, h_{Hg} = \rho_{H_2O}\, g\, h_{H_2O}$$

수은(Hg)의 높이와 물의 높이의 관계는 다음과 같다.

$$h_{H_2O} = \frac{\rho_{Hg} h_{Hg}}{\rho_{H_2O}} = 13.6 \times h_{Hg}$$

개념정리	수은(Hg)과 물의 밀도	
	물의 밀도	수은(Hg)의 밀도
	$1\ g/cm^3$	$13.6\ g/cm^3$

개념정리	압력에서 수은의 높이와 물의 높이의 관계
	$\rho_{Hg} H_{Hg} = \rho_{H_2O} H_{H_2O}$ 이므로 $h_{H_2O} = \frac{\rho_{Hg} h_{Hg}}{\rho_{H_2O}} = 13.6 \times h_{Hg}$

4℃ 물을 기준으로 한 수은의 비중이 13.6이므로 같은 압력값을 가질 때 비중이 가벼운 물의 높이는 수은(Hg)의 높이보다 13.6배 만큼 큰 값을 가지게 된다. 그러므로 표준 대기압을 수은과 물의 높이로 나타내면 다음과 같다.

$$1\ atm = 760\ mmHg = 76\ cmHg$$

$$1\ atm = 76\ cmHg = 76\ cm \times 13.6\ H_2O = 1033.6\ cmH_2O = 10.33\ mH_2O$$

길이의 환산 인자인 1 ft = 12 inch = 30.48 cm를 사용하여 단위 환산하면 물의 높이로 나타내는 1 atm을 inch 및 ft의 값으로 다음과 같이 나타낼 수 있다.

$$1\ atm = 1033.6\ cm\,H_2O \times \frac{1\ ft}{30.48\ cm} = 33.91\ ft\,H_2O$$

$$1\ atm = 33.91\ ft\,H_2O \times \frac{12\ inch}{1\ ft} = 406.92\ inch\,H_2O$$

개념정리	물의 높이로 표시되는 압력값
	$1\ atm = 10.33\ mH_2O = 33.91\ ft\,H_2O = 406.92\ inch\,H_2O$

개념정리	액체의 높이로 나타낸 표준 대기압의 값	
	수은(Hg)을 기준	물(H_2O)을 기준
	760 mmHg = 76 cmHg	$10.33\ mH_2O$

예제 5-1 압력계의 압력이 980 mmH_2O를 나타내고 있다. 이 값을 mmHg로 환산하면 얼마인가?

solution 액체의 높이로 나타낸 압력값이 $P = \rho g h = \rho_{Hg} g h_{Hg} = \rho_{H_2O} g h_{H_2O}$이므로

수은(Hg)의 높이와 물의 높이의 관계는 다음과 같다.

$h_{Hg} = \dfrac{\rho_{H_2O} h_{H_2O}}{\rho_{Hg}}$ 에서 물의 밀도는 $\rho_{H_2O} = \dfrac{1\ \mathrm{g}}{\mathrm{cm}^3}$ 이고,

수은(Hg)의 밀도는 $\rho_{Hg} = \dfrac{13.6\ \mathrm{g}}{\mathrm{cm}^3}$ 이므로 다음과 같이 계산된다.

$$h_{Hg} = \frac{\rho_{H_2O} h_{H_2O}}{\rho_{Hg}} = \frac{\dfrac{1\ \mathrm{g}}{\mathrm{cm}^3} \times 980\ \mathrm{mm}}{\dfrac{13.6\ \mathrm{g}}{\mathrm{cm}^3}} = 72.06\ \mathrm{mmHg}$$

【별해】 1기압의 압력값을 알고 있는 경우에는 다음과 같이 해결할 수도 있다.

개념정리	액체에 따른 1기압의 압력값	
	mmHg	mH_2O
	760 mmHg	10.33 mH_2O

1 atm이 mmHg 단위로는 760 mmHg이고 mH_2O의 단위로는 10.33 mH_2O이므로 이 값을 이용해서도 단위 환산이 가능하다.

$$980\ \mathrm{mmH_2O} = 980\ \mathrm{mmH_2O} \times \boxed{\frac{760\ \mathrm{mmHg}}{1\ \mathrm{atm}}} \times \boxed{\frac{1\ \mathrm{atm}}{10.33\ \mathrm{mH_2O}}} \times \boxed{\frac{1\ \mathrm{m}}{1000\ \mathrm{mm}}}$$

$$= 72.17\ \mathrm{mmHg}$$

예제 5-2 760 mmHg를 mH_2O의 단위로 환산하여라.

solution 압력의 단위를 높이로 표시하는 경우 표시되는 물질의 밀도에 따라서 그 높이가 달라진다. 그러므로 $P = \rho g h$를 이용하여 $\rho_{Hg} h_{Hg} = \rho_{H_2O} h_{H_2O}$로 계산할 수 있다.

주어진 조건에서 액체가 수은이므로 수은의 밀도 $\rho = \dfrac{13.6\ \mathrm{g}}{\mathrm{cm}^3} = \dfrac{13600\ \mathrm{kg}}{\mathrm{m}^3}$ 이고, 수은 기둥의 높이 $h = 760\ \mathrm{mm} = 0.76\ \mathrm{m}$ 이므로 밀도가 $\rho = \dfrac{1\ \mathrm{g}}{\mathrm{cm}^3} = \dfrac{1000\ \mathrm{kg}}{\mathrm{m}^3}$ 인 물의

높이를 계산하면 다음과 같다.

$\rho_{Hg} h_{Hg} = \rho_{H_2O} h_{H_2O}$ 에서

$$h_{H_2O} = \frac{\rho_{Hg} h_{Hg}}{\rho_{H_2O}} = \frac{13.6\ \mathrm{g/cm^3} \times 760\ \mathrm{mm}}{1\ \mathrm{g/cm^3}} = 10336\ \mathrm{mmH_2O} = 10.336\ \mathrm{mH_2O}$$

개념정리	높이로 나타낸 1 기압의 압력값	
	mmHg	mmH_2O
	760 mmHg	$10336\ mmH_2O$

5-1-2 단위 면적당 작용한 힘으로 압력단위

압력은 단위 면적(A)당 작용한 힘(F)으로 정의되므로 압력의 단위체계는

cgs 단위에서는 $\frac{\mathrm{dyne}}{\mathrm{cm^2}} = \mathrm{bar}$

MKS 단위에서는 $\frac{\mathrm{N}}{\mathrm{m^2}} = \mathrm{Pa}$

FPS 단위계에서는 $\frac{\mathrm{lb_f}}{\mathrm{in^2}} = \mathrm{psi}$로 표현된다.

개념정리	힘의 크기로 나타낸 압력 단위			
	정 의	단 위		
		cgs 단위	MKS 단위	fps 단위
	$\frac{힘}{면적}$	$\frac{\mathrm{dyne}}{\mathrm{cm^2}} = \mathrm{bar}$	$\mathrm{N/m^2}$ (= Pa)	$\frac{\mathrm{lb_f}}{\mathrm{in^2}} = \mathrm{psi}$

이때 단위 면적은 개별적인 단위에 따라 결정되므로 힘의 값에 대해서 살펴보기로 하자. 단위 면적당 힘의 값으로 표시되는 압력의 단위 환산관계를 구체적으로 살펴보면 다음과 같다.

Newton의 운동방정식에 의하면 힘은 [힘(F) = 질량(m) × 가속도(g)]로 나타낸다.

여기서, 가속도 g는 속도의 변화율을 의미하며 속도의 SI 단위는 m/s이므로 가

속도의 단위는 m/s^2이다. 힘(F)의 MKS 단위는 $kg{\cdot}m/s^2 = N$(Newton)이라 부른다.

압력값을 MKS 단위 체계로 표시하면 힘의 단위는 $F = mg = kg \cdot \dfrac{m}{s^2} = N$이고, 면적의 단위는 m^2이므로 MKS 단위로 압력값은 다음과 같다.

$$\text{압력의 MKS 단위} = \frac{\text{힘의 MKS 단위}(kg{\cdot}m/s^2)}{\text{면적의 MKS 단위}(m^2)} = \frac{(kg{\cdot}m/s^2)}{(m^2)} = \frac{N}{m^2} = Pa$$

(1) 1기압의 cgs 단위 체계

액체로 압력을 표시하는 물질에는 수은과 물 두 가지가 있다. 여기서는 물을 기준으로 하여 힘의 값으로 표시되는 압력의 단위에 대해서 설명하고자 한다. 앞서 살펴본 바와 같이 1기압(atm)이란 밀도가 $\dfrac{1\,g}{cm^3}$인 물을 10.33 m 잡아당기는 힘이라고 할 수 있으므로 이 값을 이용해서 힘의 값으로 압력의 단위를 살펴보면 다음과 같다.

cgs 단위 체계에서 표준 대기압은 밀도(ρ)가 $\dfrac{1\,g}{cm^3}$인 물을 중력가속도(g)가 $\dfrac{980\,cm}{s^2}$인 조건에서 1033.6 cm 만큼 잡아당기는 힘이라고 할 수 있으므로 압력단위를 cgs 단위계로 타나내면 다음과 같다.

$$1\,atm = \rho gh = \frac{1\,g}{cm^3} \times \frac{980\,cm}{s^2} \times 1033.6\ cm = \frac{1012928\,g{\cdot}cm}{s^2} \times \frac{1}{cm^2} = \frac{1012928\,dyne}{cm^2}$$

$$1\,atm = \frac{1012928\,dyne}{cm^2} = \frac{1012928\,dyne}{cm^2} \times \frac{1\,mbar}{10^3\,dyne/cm^2}$$

$$= 1012.928\,mbar \fallingdotseq 1013\,mbar$$

개념정리

cgs 단위계에서 힘과 압력의 단위

면적(A)의 단위	힘(F)의 단위	압력($P = \dfrac{F}{A}$)의 단위
cm^2	$\dfrac{g{\cdot}cm}{s^2} = dyne$	$\dfrac{dyne}{cm^2} = bar$

- $\dfrac{10^6\,dyne}{cm^2} = 1\,bar$
- $1\,bar = 10^3\,mbar$
- $\dfrac{10^3\,dyne}{cm^2} = 1\,mbar$

(2) 1기압의 MKS 단위 체계

MKS 단위 체계에서 표준 대기압은 밀도(ρ)가 $\frac{1000\ \text{kg}}{\text{m}^3}$인 물을 중력가속도($g$)가 $\frac{9.8\ \text{m}}{\text{s}^2}$인 조건에서 10.336 m 만큼 잡아당기는 힘이라고 할 수 있으므로 압력단위를 MKS 단위계로 나타내면 다음과 같다.

$$1\ \text{atm} = \rho g h = \frac{1000\ \text{kg}}{\text{m}^3} \times \frac{9.8\ \text{m}}{\text{s}^2} \times 10.336\ \text{m} = \frac{101292.8\ \text{kg}\cdot\text{m}}{\text{s}^2} \times \frac{1}{\text{m}^2}$$

$$= \frac{101292.8\ \text{N}}{\text{m}^2}$$

$$1\ \text{atm} = \frac{101292.8\ \text{N}}{\text{m}^2} = \frac{101292.8\ \text{N}}{\text{m}^2} \times \frac{\text{Pa}}{\text{N/m}^2} = 101292.8\ \text{Pa}$$

$$1\ \text{atm} = 101292.8\ \text{Pa} = 101.3 \times 10^3\text{Pa} = 101.3\ \text{kPa}$$

길이와 힘의 단위 환산 인자를 사용하여 단위를 환산하면 소방용 기계에 부착된 압력게이지에 표기된 $\text{kg}_\text{f}/\text{cm}^2$의 단위 값을 구할 수 있다.

MKS 단위계에서 $1\ \text{atm} = \frac{101292.8\ \text{N}}{\text{m}^2}$이므로

위 식에서 힘의 단위 환산관계인 1 N = 9.8 kg_f와 길이의 단위 환산관계인 1 m = 100 cm 값을 이용하여 단위를 정리하면

$$1\ \text{atm} = \frac{101292.8\ \text{N}}{\text{m}^2} \times \boxed{\frac{1\ \text{kg}_\text{f}}{9.8\ \text{N}}} \times \boxed{\left(\frac{1\ \text{m}}{100\ \text{cm}}\right)^2} = \frac{1.0336\ \text{kg}_\text{f}}{\text{cm}^2}$$

개념정리	MKS 단위계에서 힘과 압력의 단위		
	면적(A)의 단위	힘(F)의 단위	압력($P = \frac{F}{A}$)의 단위
	m^2	$\frac{\text{kg}\cdot\text{m}}{\text{s}^2} = \text{N}$	$\frac{\text{N}}{\text{m}^2} = \text{Pascal} (= \text{Pa})$
	$1\ \text{kPa} = 10^3\ \text{Pa}$		

(3) 1 기압의 FPS 단위 체계

MKS 단위 체계에서 계산된 표준 대기압의 값에 길이의 단위 환산인자와 질량의 단위 환산인자를 사용하여 MKS 단위 체계를 FPS 단위 체계로 환산하면 그 결과는 다음과 같다.

$$1\ \text{atm} = \frac{1.0336\ \text{kg}_f}{\text{cm}^2} \times \boxed{\frac{1\ \text{lb}_f}{0.454\ \text{kg}_f}} \times \boxed{\left(\frac{2.54\ \text{cm}}{1\ \text{inch}}\right)^2} = \frac{14.688\ \text{lb}_f}{\text{inch}^2} \fallingdotseq \frac{14.7\ \text{lb}_f}{\text{inch}^2}$$

개념정리	힘의 크기로 나타낸 표준 대기압의 값			
	단위 체계			
	cgs 단위(bar)	MKS 단위(kPa)	MKS 단위(kg_f/cm^2)	fps 단위(psi)
	$\frac{1012928\ \text{dyne}}{\text{cm}^2}$ (= 1013 mbar)	$101.3 \times 10^3\ N/m^2$ (= 101.3 kPa)	$1.0336\ kg_f/cm^2$	$\frac{14.7\ \text{lb}_f}{\text{in}^2}$ (= 14.7 psi)

앞에서 살펴본 수은과 물의 높이를 기준으로 하는 압력단위계에서 밀도 ρ_A인 유체가 지닌 압력을 기둥의 높이로 h_A에 해당하는 값으로 나타내고, 밀도가 ρ_B인 유체의 압력을 기둥의 높이 h_B로 나타낼 수 있다. 그러므로 밀도가 서로 다른 두 액체의 높이 사이에는 다음과 같은 상관관계가 성립한다.

$P = \rho_A g h_A = \rho_B g h_B$이므로, $h_B = \dfrac{\rho_A h_A}{\rho_B}$가 된다.

이처럼 압력을 유체 기둥의 높이로 나타낼 때, 비중량 $\gamma = \rho g$이므로 그 높이 h는 다음과 같이 계산된다.

$$h = \frac{P}{\rho g} = \frac{P}{\gamma}$$

예제 5-3 24 psi의 압력 단위를 N/m^2의 단위로 환산하여라.

solution psi는 길이를 inch, 질량을 lb로 표시하는 압력 단위 체계로 이를 MKS 단위 체계로 바꾸기 위해서는 1 lb = 0.454 kg, 1 inch = 2.54 cm, 그리고 $1\ kg_f = 9.8\ N$의 단위 환산인자를 이용하여야 한다.

$24\ psi = \dfrac{24\ lb_f}{in^2}$이므로 이 값을 단위 환산하면 다음과 같다.

$$24\ psi = \frac{24\ lb_f}{in^2} \times \boxed{\frac{0.454\ kg_f}{1\ lb_f}} \times \boxed{\left(\frac{1\ inch}{0.0254\ m}\right)^2} \times \boxed{\frac{9.8\ N}{1\ kg_f}} = \frac{165510.57\ N}{m^2}$$

【별해】 1기압의 압력값을 알고 있는 경우에는 다음과 같이 해결할 수도 있다.

개념정리	단위에 따른 1기압의 압력값			
	mmHg	MKS 단위(N/m^2)	MKS 단위(kg_f/cm^2)	fps 단위(psi)
	760 mmHg	$101.3 \times 10^3\ N/m^2$	$1.0336\ kg_f/cm^2$	$\dfrac{14.7\ lb_f}{in^2}$

1 atm이 psi 단위로는 14.7 psi이고 힘의 단위인 N/m^2로는 $101.3 \times 10^3\ N/m^2$이므로 이 값을 이용해서도 단위 환산이 가능하다.

$$24\ psi = 24\ psi \times \boxed{\frac{1\ atm}{14.7\ psi}} \times \boxed{\frac{101.3 \times 10^3\ N/m^2}{1\ atm}} = \frac{165387.8\ N}{m^2}$$

또는 $24\ psi = 24\ psi \times \boxed{\dfrac{101.3 \times 10^3\ N/m^2}{14.7\ psi}} = \dfrac{165387.8\ N}{m^2}$

여기서 $\boxed{\dfrac{101.3 \times 10^3\ N/m^2}{14.7\ psi}} = \boxed{\dfrac{1\ atm}{14.7\ psi}} \times \boxed{\dfrac{101.3 \times 10^3\ N/m^2}{1\ atm}}$이다.

예제 5-4 800 mmHg를 N/m^2의 단위로 환산하여라.

solution 높이의 단위인 mmHg를 힘의 단위인 N/m^2로 환산하는 과정은 $P = \rho g h$를 이용하면 편리하게 계산할 수 있다.

주어진 조건에서 액체가 수은이므로 수은의 밀도 $\rho = \dfrac{13.6\ g}{cm^3} = \dfrac{13600\ kg}{m^3}$이고, 수은 기둥의 높이 h = 800 mm = 0.8 m이므로 힘의 압력값을 계산할 수 있다.
주어진 조건으로부터 $P = \rho g h$에서

$$P = \rho g h = \frac{13600\ kg}{m^3} \times \frac{9.8\ m}{s^2} \times 0.8\ m = \frac{106624\ kg \cdot m}{s^2} \times \frac{1}{m^2} \times \boxed{\frac{1\ N}{1\ kg \cdot m/s^2}}$$

$$= \frac{106624\ N}{m^2}$$

【별해】 1기압의 압력값을 알고 있는 경우에는 다음과 같이 해결할 수도 있다.

개념정리	단위에 따른 1 기압의 압력값			
	mmHg	MKS 단위(N/m^2)	MKS 단위(kg_f/cm^2)	fps 단위(psi)
	760 mmHg	101.3×10^3 N/m^2	1.0336 kg_f/cm^2	$\frac{14.7\ lb_f}{in^2}$

1 atm이 mmHg 단위로는 760 mmHg이고 힘의 단위인 N/m^2로는 101.3×10^3 N/m^2이므로 이 값을 이용해서도 단위 환산이 가능하다.

$$800\ mmHg = 800\ mmHg \times \boxed{\frac{1\ atm}{760\ mmHg}} \times \boxed{\frac{101.3 \times 10^3\ N/m^2}{1\ atm}} = \frac{106631.6\ N}{m^2}$$

예제 5-5 740 mmHg를 kPa의 단위로 환산하여라.

solution 높이의 단위인 mmHg를 힘의 단위인 kPa로 환산하는 과정은 $P = \rho g h$를 이용하면 편리하게 계산할 수 있다.

주어진 조건에서 액체가 수은이므로 수은의 밀도 $\rho = \frac{13.6\ g}{cm^3} = \frac{13600\ kg}{m^3}$이고, 수은 기둥의 높이 h = 740 mm = 0.74 m 이므로 힘의 압력값을 계산할 수 있다. 주어진 조건으로부터 $P = \rho g h$에서

$$P = \rho g h = \frac{13600\ kg}{m^3} \times \frac{9.8\ m}{s^2} \times 0.74\ m = \frac{98627.2\ kg \cdot m}{s^2} \times \frac{1}{m^2}$$

$$P = \frac{98627.2\ kg \cdot m}{s^2} \times \frac{1}{m^2} = \frac{98627.2\ kg \cdot m}{s^2} \times \frac{1}{m^2} \times \boxed{\frac{1\ N}{1\ kg \cdot m/s^2}} = \frac{98627.2\ N}{m^2}$$

$$P = \frac{98627.2\ N}{m^2} = \frac{98627.2\ N}{m^2} \times \boxed{\frac{Pa}{N/m^2}} = 98.6272\ kPa$$

【별해】 1기압의 압력값을 알고 있는 경우에는 다음과 같이 해결할 수도 있다.

개념정리	단위에 따른 1 기압의 압력값			
	mmHg	MKS 단위(N/m^2)	MKS 단위(kg_f/cm^2)	fps 단위(psi)
	760 mmHg	101.3×10^3 N/m^2	1.0336 kg_f/cm^2	$\frac{14.7\ lb_f}{in^2}$

1 atm이 mmHg 단위로는 760 mmHg이고 힘의 단위인 kPa로는 101.3 kPa이므로 이 값을 이용해서도 단위 환산이 가능하다.

$$740\ mmHg = 740\ mmHg \times \boxed{\frac{1\ atm}{760\ mmHg}} \times \boxed{\frac{101.3\ kPa}{1\ atm}} = 98.634\ kPa$$

예제 5-6 10,000 mmH_2O로 타나내는 압력값을 N/m^2의 단위로 환산하여라.

solution 주어진 조건에서 액체가 물이므로 물의 밀도 $\rho = \frac{1\ g}{cm^3} = \frac{1000\ kg}{m^3}$ 이고, 물기둥의 높이 h = 10,000 mm = 10 m이므로 힘의 압력값을 계산할 수 있다.

주어진 조건으로부터 $P = \rho g h$ 에서

$$P = \rho g h = \frac{1000\ kg}{m^3} \times \frac{9.8\ m}{s^2} \times 10\ m = \frac{98000\ kg \cdot m}{s^2} \times \frac{1}{m^2}$$

$$P = \frac{98000\ kg \cdot m}{s^2} \times \frac{1}{m^2} = \frac{98000\ kg \cdot m}{s^2} \times \frac{1}{m^2} \times \boxed{\frac{1\ N}{1\ kg \cdot m/s^2}} = \frac{98000\ N}{m^2}$$

【별해】 1기압의 압력값을 알고 있는 경우에는 다음과 같이 해결할 수도 있다.

개념정리	단위에 따른 1기압의 압력값		
	mmHg	MKS 단위(N/m^2)	mmH_2O
	760 mmHg	$101.3 \times 10^3\ N/m^2$	10,336 mmH_2O

1 atm이 mmH_2O 단위로는 10,336 mmH_2O이고 힘의 단위로는 $101.3 \times 10^3\ N/m^2$이므로 이 값을 이용해서도 단위 환산이 가능하다.

$$10000\ mmH_2O = 10000\ mmH_2O \times \boxed{\frac{1\ atm}{10336\ mmH_2O}} \times \boxed{\frac{101.3 \times 10^3\ N/m^2}{1\ atm}}$$

$$= 98007\ N/m^2$$

예제 5-7 11,000 mmH_2O를 kg_f/cm^2의 단위로 환산하여라.

solution 높이의 단위인 mmH_2O를 힘의 단위인 kg_f/cm^2로 환산하는 과정은 $P = \rho g h$를 이용하면 편리하게 계산할 수 있다.

주어진 조건에서 액체가 물이므로 물의 밀도 $\rho = \frac{1\ g}{cm^3} = \frac{1000\ kg}{m^3}$ 이고, 높이 h= 11,000 mm = 11 m이므로 힘으로 표시되는 압력값을 계산할 수 있다.

주어진 조건으로부터 $P = \rho g h$ 에서

$$P = \rho g h = \frac{1000\ kg}{m^3} \times \frac{9.8\ m}{s^2} \times 11\ m = \frac{107800\ kg \cdot m}{s^2} \times \frac{1}{m^2}$$

$$P = \frac{107800\ kg \cdot m}{s^2} \times \frac{1}{m^2} = \frac{107800\ kg \cdot m}{s^2} \times \frac{1}{m^2} \times \boxed{\frac{1\ N}{1\ kg \cdot m/s^2}} = \frac{107800\ N}{m^2}$$

$$P = \frac{107800\ \text{N}}{\text{m}^2} = \frac{107800\ \text{N}}{\text{m}^2} \times \boxed{\frac{1\ \text{kg}_f}{9.8\ \text{N}}} \times \boxed{\left(\frac{1\ \text{m}}{100\ \text{cm}}\right)^2} = \frac{1.1\ \text{kg}_f}{\text{cm}^2}$$

【별해】 1기압의 압력값을 알고 있는 경우에는 다음과 같이 해결할 수도 있다.

개념정리	단위에 따른 1 기압의 압력값			
	mmHg	MKS 단위(N/m^2)	MKS 단위(kg_f/cm^2)	mmH_2O
	760 mmHg	$101.3 \times 10^3\ N/m^2$	$1.0336\ kg_f/cm^2$	$10336\ mmH_2O$

1 atm이 mmH_2O 단위로는 10336 mmH_2O이고 힘의 단위로는 1.0336 kg_f/cm^2이므로 이 값을 이용해서도 단위 환산이 가능하다.

$$11000\ \text{mmH}_2\text{O} = 11000\ \text{mmH}_2\text{O} \times \boxed{\frac{1\ \text{atm}}{10336\ \text{mmH}_2\text{O}}} \times \boxed{\frac{1.0336\ \text{kg}_f/\text{cm}^2}{1\ \text{atm}}} = \frac{1.1\ \text{kg}_f}{\text{cm}^2}$$

개념정리	mmH_2O와 kg_f/cm^2의 관계
	$10\ mH_2O = 1\ kg_f/cm^2$

예제 5-8 1 kg_f/cm^2의 단위를 mH_2O로 환산하여라.

solution 주어진 조건에서 액체가 물이므로 물의 밀도 $\rho = \frac{1\ \text{g}}{\text{cm}^3} = \frac{1000\ \text{kg}}{\text{m}^3}$ 이므로 높이(h)를 계산하면 다음과 같다. 주어진 조건으로부터 $P = \rho g h = \gamma h$에서

물의 비중량 $\gamma = \frac{1000\ \text{kg}_f}{\text{m}^3}$이고, 압력 1 kg_f/cm^2이므로

$$h = \frac{P}{\gamma} = \frac{\frac{1\ \text{kg}_f}{\text{cm}^2} \times \boxed{\left(\frac{100\ \text{cm}}{1\ \text{m}}\right)^2}}{\frac{1000\ \text{kg}_f}{\text{m}^3}} = 10\ \text{mH}_2\text{O}$$

【별해】 1기압의 압력값을 알고 있는 경우에는 다음과 같이 해결할 수도 있다.

개념정리	단위에 따른 1 기압의 압력값			
	mmHg	MKS 단위(N/m^2)	MKS 단위(kg_f/cm^2)	mH_2O
	760 mmHg	$101.3 \times 10^3\ N/m^2$	$1.0336\ kg_f/cm^2$	$10.336\ mH_2O$

1 atm이 mmH_2O 단위로는 10.336 mH_2O이고 힘의 단위로는 1.0336 kg_f/cm^2이므로 이 값을 이용해서도 단위 환산이 가능하다.

$$\frac{1\ kg_f}{cm^2} = \frac{1\ kg_f}{cm^2} \times \boxed{\frac{10.336\ mH_2O}{1\ atm}} \times \boxed{\frac{1\ atm}{1.0336\ kg_f/cm^2}} = 10\ mH_2O$$

소방에서 사용되는 압력단위는 주로 kg_f/cm^2와 mH_2O의 단위이므로 이 두 값의 상관관계를 기억하면 단위 환산에 많은 도움이 된다.

5-2 압력의 종류

압력은 기준점 0을 어떻게 정하느냐에 따라 절대압(Absolute Pressure), 게이지압(Gauge Pressure) 등으로 분류한다.

① 표준 대기압

표준 대기압은 지구상의 대기(공기)의 압력을 말한다. 0℃에서 수은(Hg)을 760 mm 만큼 밀어 올릴 수 있는 대기의 힘을 압력이라 하며, 1 표준 대기압을 1 atm(atmosphere)이라 한다. 또한 압력은 액체의 높이로 표시하며, 수은주(mmHg)와 물의 높이(mmAq) 등은 기상예보 같이 미약한 압력을 나타낼 때 사용한다.

개념정리	표준 대기압	
	mmHg	mmH_2O
	760 mmHg	10336 mmH_2O

ⓐ 계기압력(게이지압) : 대기압의 상태를 0으로 놓고 측정한 압력을 말하며 압력단위 뒤에 게이지를 뜻하는 (g)를 붙인다(예 kg_f/cm^2(g)). 따라서 표준 대기압 하에서는 압력이 0 kg_f/cm^2(g)이 된다.

ⓑ 절대압력 : 대기가 전혀 없는 완전진공에서 측정한 압력으로 압력단위 뒤에 (a, absolute)를 붙여 사용한다(예 kg_f/cm^2(a)).

개념정리	압력의 종류	
	게이지압	대기압의 상태를 0으로 놓고 측정한 압력
	절대압력	대기가 전혀 없는 완전진공에서 측정한 압력
	대기압력	대기에 중력가속도가 작용하여 지구표면에 작용하는 힘으로 인한 압력
	절대압력 = 대기압 + 게이지압	

표준 대기압보다 낮은 압력을 진공(vacuum)이라 하며, 진공의 정도를 나타내는 값으로 진공도를 사용하는데 완전진공은 진공도 100%이고, 표준 대기압은 진공도 0%이다.

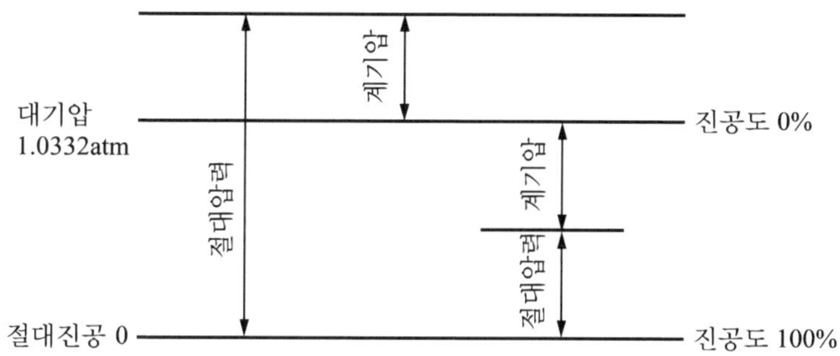

그림 5-2 압력의 관계

예제 5-9 압력계의 압력이 250 mmHg를 가리키고 있다. 이때의 대기압이 1 atm이라면 절대압은 몇 mmHg인가?

solution 1기압의 압력값을 알고 있는 경우에는 다음과 같이 해결할 수 있다.

1 atm이 760 mmHg이므로 <절대압 = 대기압 + 게이지압>을 이용하면 절대압을 구할 수 있다.

절대압 = 760 mmHg + 250 mmHg = 1010 mmHg가 된다.

예제 5-10 축압식 분말소화기 통에 부착된 압력계의 바늘이 2.5 kg_f/cm^2을 가리키고 있다. 이때의 대기압이 1000 mbar라면 절대압은 몇 kg_f/cm^2인가?

solution 1 atm이 mbar 단위로는 1013 mbar이고 힘의 단위인 kg_f/cm^2로는 1.0336 kg_f/cm^2이므로 이 값을 이용해서 단위 환산이 가능하다.

$$1000\ \text{mbar} = 1000\ \text{mbar} \times \boxed{\frac{1.0336\ \text{kg}_f/\text{cm}^2}{1013\ \text{mbar}}} = \frac{1.02\ \text{kg}_f}{\text{cm}^2}$$

따라서 절대압은 대기압+게이지압의 값과 같으므로 게이지압이 2.5 kg_f/cm^2이므로 절대압은 다음과 같다.

$$절대압 = \frac{2.5\ \text{kg}_f}{\text{cm}^2} + \frac{1.02\ \text{kg}_f}{\text{cm}^2} = \frac{3.52\ \text{kg}_f}{\text{cm}^2}$$

5-3 마노미터를 이용한 압력 측정

소방분야에서 압력의 측정은 일반적으로 수압부가 받는 높이 변화 또는 힘을 측정하여 실시한다. 이때 **마노미터(Manometer)**가 압력 측정 장치로 많이 사용된다.

마노미터 중에서 유리관에 물과 수은 등을 넣은 U자관 형태가 대표적인 것이다. 마노미터를 이용한 압력의 측정 방법으로는 U자관의 한쪽 끝을 측정하려는 압력부에 연결하면, 관의 양쪽 끝에 걸리는 압력차와 균형을 이루는 곳까지 액면이 오르내리는데, 이때 U자관 좌우의 관 속에 있는 액체 성분의 높이차로부터 양쪽 관에 걸려 있는 압력의 차를 측정할 수 있다. 즉, 마노미터는 절대압을 측정하는 것보다는 압력차를 측정하는 장치이다.

개념정리	마노미터를 이용한 압력측정
	마노미터는 절대압을 측정하는 것보다는 압력차를 측정하는 장치이다.

가장 간단한 형태의 U자관 마노미터는 그림 5-3에서 보는 바와 같다. 마노미터 속에는 수은과 같이 밀도를 알 수 있는 액체 A가 채워져 있다. 처음에는 액체 A의 액면은 U자관 양쪽이 수평으로 되어있으나, 액체 B가 흐르는 유로에 마노미터를 연결하면 U자관 양쪽에서 압력차가 발생하여 한쪽 면의 액면이 상승하여 서로 다른 높이차(R_m)이 발생한다.

U자형 관속에 밀도(ρ_A)를 알고 있는 액체(A)를 넣고 그 위에 밀도가 ρ_B인 액체 B를 채웠으며, 액체 B와 A는 혼합되지 않고 액체 B는 액체 A 보다 가볍다.

수직방향으로 작용하는 액체의 압력(P)은 액체의 높이(h)에 비례하고, 중력가속도(g)에 비례하며 그 액체가 가지는 고유한 물성치인 밀도(ρ)에 따라서 다른 값을 가진다.

개념정리	수직 방향으로 작용하는 액체의 압력
	수직방향으로 작용하는 액체의 압력(P)은 • 액체의 높이(h)에 비례 • 중력가속도(g)에 비례 • 밀도(ρ)에 비례 • $P = \rho g h$

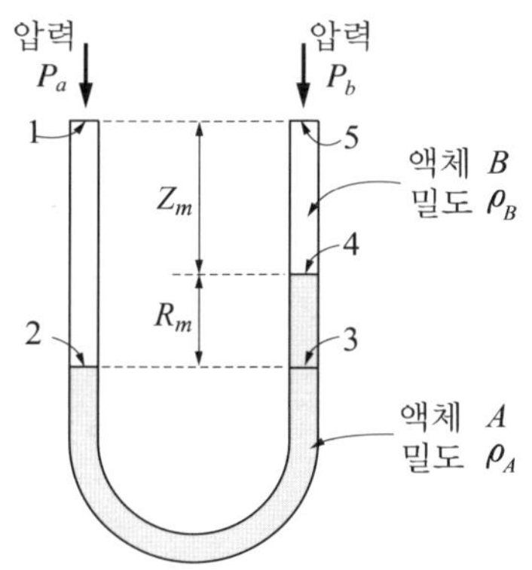

그림 5-3 U자관 마노미터

그림 5-3에서 보는 바와 같이 U자관 형태의 단순마노미터의 경우 아랫부분에 있는 액체 A의 밀도는 ρ_A이고 윗부분에 있는 액체 B의 밀도는 ρ_B의 값을 가진다.

이때 위쪽 부분에서 가해지는 압력 P_a와 P_b가 서로 달라지면 액체 A의 높이차가 발생한다. 앞서 살펴본 바와 같이 수직방향으로 작용하는 액체의 압력은 높이에 비례하는 특성을 가진다. 따라서 밀도가 서로 다른 액체의 경우에도 액체의 높이가 같은 지점에서는 압력이 서로 같기 때문에 그림 5-3에서 보는 바와 같이 지점 "2"와 지점 "3"에서의 압력은 서로 같다고 할 수 있다.

액체의 높이에 따른 압력값인 $P = \rho g h$를 이용하여 지점 "2"와 지점 "3"에서의 압력을 계산하면 다음과 같다.

지점 "2"에서는 밀도가 ρ_B인 액체가 높이가 $Z_m + R_m$에서 작용하는 압력으로 $P_2 = P_a + \rho_B (Z_m + R_m) g$로 나타낼 수 있다.

지점 "3"에서는 밀도가 ρ_B인 액체의 높이가 Z_m이고, 밀도가 ρ_A인 액체의 높이가 R_m일 때 작용하는 압력으로 $P_3 = P_b + \rho_B Z_m g + \rho_A R_m g$로 나타낼 수 있다.

액체의 종류에 관계없이 액체 기둥의 높이가 같으면 액체에 의한 압력이 같으므로 지점 "2"에서의 압력과 지점 "3"에서의 압력은 같다고 할 수 있다.

즉 $P_2 = P_3$이므로 압력차 $P_a - P_b$는 다음과 같이 계산한다.

지점 "2"와 지점 "3"에서의 압력이 같으므로

지점 "2"에서의 압력 $P_2 = P_a + \rho_B (Z_m + R_m) g$

지점 "3"에서의 압력 $P_3 = P_b + \rho_B Z_m g + \rho_A R_m g$

그러므로 $P_a + \rho_B (Z_m + R_m) g = P_b + \rho_B Z_m g + \rho_A R_m g$가 된다.

이 식을 정리하면 $P_a + \rho_B Z_m g + \rho_B R_m g = P_b + \rho_B Z_m g + \rho_A R_m g$이 되며

$P_a + \rho_B R_m g = P_b + \rho_A R_m g$이 되어

압력차 $(P_a = P_b)$는 다음과 같다.

$P_a - P_b = (\rho_A - \rho_B) R_m g = (\gamma_A - \gamma_B) R_m$가 된다

개념정리	마노미터로 측정된 압력차
	$P_a - P_b = (\rho_A - \rho_B) R_m g = (\gamma_A - \gamma_B) R_m$

예제 5-11 U자관 마노미터를 오리피스에 연결하였더니 35 cm의 높이 차가 발생하였다. 마노미터에 들어 있는 수은(Hg)의 비중은 13.6이고 관내부로는 소방용수인 물이 흐르는 경우 압력차는 몇 N/m^2인가?

solution

$\Delta P = P_a - P_b = (\rho_A - \rho_B) R_m g$에서

주어진 조건에서 $\rho_A = \frac{13.6\text{ g}}{\text{cm}^3} = \frac{13600\text{ kg}}{\text{m}^3}$이고, $\rho_B = \frac{1\text{ g}}{\text{cm}^3} = \frac{1000\text{ kg}}{\text{m}^3}$이므로

압력차는 다음과 같이 계산할 수 있다.

$$\Delta P = \frac{(13600 - 1000)\text{ kg}}{\text{m}^3} \times 0.35\text{ m} \times \frac{9.8\text{ m}}{\text{s}^2} = \frac{43218\text{ kg}\cdot\text{m}}{\text{s}^2} \times \frac{1}{\text{m}^2}$$

$$\Delta P = \frac{43218\text{ kg}\cdot\text{m}}{\text{s}^2} \times \frac{1}{\text{m}^2} \times \boxed{\frac{1\text{ N}}{\frac{1\text{ kg}\cdot\text{m}}{\text{s}^2}}} = \frac{43218\text{ N}}{\text{m}^2}$$

보 충 문 제

문제 V-1 750 mmHg를 mH_2O의 단위로 환산하여라.

풀이 압력의 단위를 높이로 표시하는 경우 표시되는 물질의 밀도에 따라서 그 높이가 달라진다. 그러므로 $P=\rho gh$를 이용하여 $\rho_{Hg}h_{Hg}=\rho_{H_2O}h_{H_2O}$로 계산할 수 있다.

주어진 조건에서 액체가 수은이므로 수은의 밀도 $\rho=\dfrac{13.6\text{ g}}{\text{cm}^3}=\dfrac{13600\text{ kg}}{\text{m}^3}$이고, 수은 기둥의 높이 $h=750\text{ mm}=0.75\text{ m}$이므로 밀도가 $\rho=\dfrac{1\text{ g}}{\text{cm}^3}=\dfrac{1000\text{ kg}}{\text{m}^3}$인 물의 경우 높이를 계산하면 다음과 같다.

$\rho_{Hg}h_{Hg}=\rho_{H_2O}h_{H_2O}$에서

$$h_{H_2O}=\frac{\rho_{Hg}h_{Hg}}{\rho_{H_2O}}=\frac{13.6\text{ g/cm}^3\times 0.75\text{ m}}{1\text{ g/cm}^3}=10.2\text{ mH}_2\text{O}$$

문제 V-2 750 mmHg로 표시된 압력 단위를 psi의 단위로 환산하여라.

풀이 psi는 길이를 inch, 질량을 lb로 표시하는 단위 체계이다. 높이의 단위인 mmHg로 표시된 압력단위를 힘의 단위인 psi의 단위로 환산 할 수 있다. 대기압의 압력단위에 의하면 하면 1 atm = 760 mmHg이고, 14.7 psi이므로 750 mmHg를 psi 단위로 단위 환산하면 다음과 같다.

$$750\text{ mmHg}=750\text{ mmHg}\times\boxed{\frac{14.7\text{ psi}}{760\text{ mmHg}}}=14.5\text{ psi}$$이다.

문제 V-3 800 mmHg를 kg_f/cm^2의 단위로 환산하여라.

풀이 높이의 단위인 mmHg를 힘의 단위인 kg_f/cm^2로 환산하는 과정은 $P=\rho gh$를 이용하면 편리하게 계산할 수 있다.

주어진 조건에서 액체가 수은이므로 수은의 밀도 $\rho=\dfrac{13.6\text{ g}}{\text{cm}^3}=\dfrac{13600\text{ kg}}{\text{m}^3}$이고, 수은 기둥의 높이 h = 800 mm = 0.8 m이므로 힘의 압력값을 계산할 수 있다.

주어진 조건으로부터 $P=\rho gh$에서

$$P=\rho gh=\frac{13600\text{ kg}}{\text{m}^3}\times\frac{9.8\text{ m}}{\text{s}^2}\times 0.8\text{ m}=\frac{106624\text{ kg}\cdot\text{m}}{\text{s}^2}\times\frac{1}{\text{m}^2}$$

$$P = \frac{106624\ \text{kg·m}}{\text{s}^2} \times \frac{1}{\text{m}^2} \times \boxed{\frac{1\ \text{N}}{1\ \text{kg·m/s}^2}} = \frac{106624\ \text{N}}{\text{m}^2}$$

$$P = \frac{106624\ \text{N}}{\text{m}^2} \times \boxed{\frac{1\ \text{kg}_\text{f}}{9.8\ \text{N}}} \times \boxed{\left(\frac{1\ \text{m}}{100\ \text{cm}}\right)^2} = \frac{1.088\ \text{kg}_\text{f}}{\text{cm}^2}$$

【별해】 1기압의 압력값을 알고 있는 경우에는 다음과 같이 해결할 수도 있다.

개념정리	단위에 따른 1기압의 압력값			
	mmHg	MKS 단위(N/m^2)	MKS 단위($\text{kg}_\text{f}/\text{cm}^2$)	fps 단위(psi)
	760 mmHg	$101.3 \times 10^3\ \text{N/m}^2$	$1.0336\ \text{kg}_\text{f}/\text{cm}^2$	$\frac{14.7\ \text{lb}_\text{f}}{\text{in}^2}$

1 atm이 mmHg 단위로는 760 mmHg이고 힘의 단위인 $\text{kg}_\text{f}/\text{cm}^2$로는 $1.0336\ \text{kg}_\text{f}/\text{cm}^2$이므로 이 값을 이용해서도 단위 환산이 가능하다.

$$800\ \text{mmHg} = 800\ \text{mmHg} \times \boxed{\frac{\frac{1.0336\ \text{kg}_\text{f}}{\text{cm}^2}}{760\ \text{mmHg}}} = \frac{1.088\ \text{kg}_\text{f}}{\text{cm}^2}$$

문제 V-4 17 psi로 표시된 압력단위를 $\text{kg}_\text{f}/\text{cm}^2$의 단위로 환산하여라.

풀이 힘의 압력단위인 psi는 $\text{lb}_\text{f}/\text{in}^2$의 의미를 가진 것으로 본 문제는 lb를 kg의 단위로 환산하고, in를 cm의 단위를 환산하는 문제이다. 따라서 질량의 단위 환산 인자인 1 lb = 0.454 kg과 길이의 단위 환산인자인 1 in = 2.54 cm를 활용하여 단위 환산하면 된다.

$$\frac{17\ \text{lb}_\text{f}}{\text{in}^2} = \frac{17\ \text{lb}_\text{f}}{\text{in}^2} \times \boxed{\frac{0.454\ \text{kg}_\text{f}}{1\ \text{lb}_\text{f}}} \times \boxed{\left(\frac{1\ \text{in}}{2.54\ \text{cm}}\right)^2} = \frac{1.196\ \text{kg}_\text{f}}{\text{cm}^2}$$

【별해】 1기압의 압력값을 알고 있는 경우에는 다음과 같이 해결할 수도 있다.

개념정리	단위에 따른 1기압의 압력값			
	mmHg	MKS 단위(N/m^2)	MKS 단위($\text{kg}_\text{f}/\text{cm}^2$)	fps 단위(psi)
	760 mmHg	$101.3 \times 10^3\ \text{N/m}^2$	$1.0336\ \text{kg}_\text{f}/\text{cm}^2$	$\frac{14.7\ \text{lb}_\text{f}}{\text{in}^2}$

1 atm이 psi 단위로는 14.7 psi이고 힘의 단위인 $\text{kg}_\text{f}/\text{cm}^2$로는 $1.0336\ \text{kg}_\text{f}/\text{cm}^2$이므로 이 값을 이용해서도 단위 환산이 가능하다.

$$17\ \text{psi} = 17\ \text{psi} \times \boxed{\frac{1.0336\ \text{kg}_\text{f}/\text{cm}^2}{14.7\ \text{psi}}} = \frac{1.195\ \text{kg}_\text{f}}{\text{cm}^2}$$

문제 V-5 1.05 kg_f/cm^2을 kg_f/m^2의 단위로 환산하여라.

풀이 주어진 압력 단위인 kg_f/cm^2와 kg_f/m^2는 힘의 압력단위이다. 주어진 단위를 길이의 단위 환산인자인 1 m = 100 cm를 이용하여 단위 환산하면 다음과 같다.

$$\frac{1.05\ kg_f}{cm^2} = \frac{1.05\ kg_f}{cm^2} \times \boxed{\left(\frac{100\ cm}{1\ m}\right)^2} = \frac{10500\ kg_f}{m^2}$$

문제 V-6 2.34 kg_f/cm^2을 N/cm^2의 단위로 환산하여라.

풀이 주어진 압력 단위인 kg_f/cm^2와 N/cm^2 은 힘의 압력단위이다. 주어진 단위를 힘의 단위 환산인자인 1 kg_f = 9.8 N을 사용하여 단위 환산하면 다음과 같다.

$$\frac{2.34\ kg_f}{cm^2} = \frac{2.34\ kg_f}{cm^2} \times \boxed{\frac{9.8\ N}{1\ kg_f}} = \frac{22.932\ N}{cm^2}$$

문제 V-7 1.25 kg_f/cm^2을 N/m^2의 단위로 환산하여라.

풀이 주어진 압력 단위인 kg_f/cm^2 와 N/m^2 는 힘의 압력단위이다. 주어진 단위를 길이의 단위 환산인자 1 m = 100 cm와 힘의 단위 환산인자인 1 kg_f = 9.8 N을 사용하여 단위 환산하면 다음과 같다.

$$\frac{1.25\ kg_f}{cm^2} = \frac{1.25\ kg_f}{cm^2} \times \boxed{\frac{9.8\ N}{1\ kg_f}} \times \boxed{\left(\frac{100\ cm}{1\ m}\right)^2} = \frac{1.225 \times 10^5\ N}{m^2}$$

문제 V-8 13 mH_2O로 나타내는 압력값을 kPa의 단위로 환산하여라.

풀이 높이의 단위인 mH_2O를 힘의 단위인 kPa로 환산하는 과정은 $P = \rho g h$를 이용하면 편리하게 계산할 수 있다.

주어진 조건에서 액체가 물이므로 물의 밀도 $\rho = \frac{1\ g}{cm^3} = \frac{1000\ kg}{m^3}$ 이고, 물기둥의 높이 h = 13 m이므로 힘의 압력값을 계산할 수 있다.

주어진 조건으로부터 $P = \rho g h$ 에서

$$P = \rho g h = \frac{1000\ kg}{m^3} \times \frac{9.8\ m}{s^2} \times 13\ m = \frac{127400\ kg \cdot m}{s^2} \times \frac{1}{m^2}$$

$$P = \frac{127400\ kg \cdot m}{s^2} \times \frac{1}{m^2} = \frac{127400\ kg \cdot m}{s^2} \times \frac{1}{m^2} \times \boxed{\frac{1\ N}{1\ kg \cdot m/s^2}} = \frac{127400\ N}{m^2}$$

$$P=\frac{127400\ \mathrm{N}}{\mathrm{m}^2}=\frac{127400\ \mathrm{N}}{\mathrm{m}^2}\times\boxed{\frac{1\ \mathrm{Pa}}{1\ \mathrm{N/m}^2}}$$

$$=127400\ \mathrm{Pa}=127.4\times10^3\ \mathrm{Pa}=127.4\ \mathrm{kPa}$$

문제 V-9 수두 100 mmAq로 표시되는 압력은 몇 Pa인가?

풀이 높이의 단위인 [mmAq]를 힘의 단위인 Pa로 환산하는 과정은 $P=\rho gh$를 이용하면 편리하게 계산할 수 있다.

주어진 조건에서 액체가 Aq(수용액)이므로 물의 밀도 $\rho=\frac{1\ \mathrm{g}}{\mathrm{cm}^3}=\frac{1000\ \mathrm{kg}}{\mathrm{m}^3}$이고,

물기둥의 높이 h = 100 mm = 0.1 m이므로 힘의 압력값을 계산할 수 있다.
주어진 조건으로부터 $P=\rho gh$에서

$$P=\rho gh=\frac{1000\ \mathrm{kg}}{\mathrm{m}^3}\times\frac{9.8\ \mathrm{m}}{\mathrm{s}^2}\times0.1\ \mathrm{m}=\frac{980\ \mathrm{kg\cdot m}}{\mathrm{s}^2}\times\frac{1}{\mathrm{m}^2}$$

$$P=\frac{980\ \mathrm{kg\cdot m}}{\mathrm{s}^2}\times\frac{1}{\mathrm{m}^2}=\frac{980\ \mathrm{kg\cdot m}}{\mathrm{s}^2}\times\frac{1}{\mathrm{m}^2}\times\boxed{\frac{1\ \mathrm{N}}{1\ \mathrm{kg\cdot m/s}^2}}=\frac{980\ \mathrm{N}}{\mathrm{m}^2}$$

$$P=\frac{980\ \mathrm{N}}{\mathrm{m}^2}=\frac{980\ \mathrm{N}}{\mathrm{m}^2}\times\boxed{\frac{1\ \mathrm{Pa}}{1\ \mathrm{N/m}^2}}=980\ \mathrm{Pa}$$

【별해】 1기압의 압력값을 알고 있는 경우에는 다음과 같이 해결할 수도 있다.
1 atm이 $\mathrm{mmH_2O}$(mmAq) 단위로는 10332 $\mathrm{mmH_2O}$이고 힘의 단위인 Pa로는 101.3 × 10^3 Pa이므로 이 값을 이용해서도 단위 환산이 가능하다.

$$100\ \mathrm{mmH_2O}\ =\ 100\ \mathrm{mmH_2O}\times\boxed{\frac{101.3\times10^3\ \mathrm{Pa}}{10332\ \mathrm{mmH_2O}}}=980\ \mathrm{Pa}$$

문제 V-10 옥내소화전 설비의 규격방사압이 최소 1.7 $\mathrm{kg_f/cm^2}$이다. 이 값을 $\mathrm{mH_2O}$의 단위로 환산하여라.

풀이 힘의 압력단위인 $\mathrm{kg_f/cm^2}$를 높이의 단위인 $\mathrm{mH_2O}$로 환산하는 과정은 $P=\rho gh=\gamma h$를 이용하면 편리하게 계산할 수 있다.

주어진 조건에서 액체가 물이므로 물의 밀도 $\rho=\frac{1\ \mathrm{g}}{\mathrm{cm}^3}=\frac{1000\ \mathrm{kg}}{\mathrm{m}^3}$를 이용해서 높이($h$)를 계산하면 다음과 같다. 주어진 조건으로부터 $P=\rho gh=\gamma h$에서

물의 비중량 $\gamma=\frac{1000\ \mathrm{kg_f}}{\mathrm{m}^3}$이고, 압력 1.7 $\mathrm{kg_f/cm^2}$이므로

$$h = \frac{P}{\gamma} = \frac{\dfrac{1.7\ \text{kg}_\text{f}}{\text{cm}^2} \times \boxed{\left(\dfrac{100\ \text{cm}}{1\ \text{m}}\right)^2}}{\dfrac{1000\ \text{kg}_\text{f}}{\text{m}^3}} = 17\ \text{mH}_2\text{O}$$

【별해】 1기압의 압력값을 알고 있는 경우에는 다음과 같이 해결할 수도 있다.
1 atm이 mmH_2O 단위로는 10.336 mH_2O이고 힘의 단위로는 1.0336 kg_f/cm^2이므로 이 값을 이용해서도 단위 환산이 가능하다.

$$\frac{1.7\ \text{kg}_\text{f}}{\text{cm}^2} = \frac{1.7\ \text{kg}_\text{f}}{\text{cm}^2} \times \boxed{\frac{10.336\ \text{mH}_2\text{O}}{1\ \text{atm}}} \times \boxed{\frac{1\ \text{atm}}{1.0336\ \text{kg}_\text{f}/\text{cm}^2}} = 17\ \text{mH}_2\text{O}$$

문제 V-11 진공압력이 35 mmHg일 때 절대압력은 몇 kPa인가?

풀이 주어진 조건에서 절대압 = 대기압 − 진공압이 된다. 그러므로 주어진 압력 단위를 하나로 통일해서 계산하여야 한다. 먼저 대기압인 1기압은 결과 값인 [kPa]의 단위 값으로는 101.3 kPa이므로 35 mmHg 값을 [kPa]로 환산하여 사용하면 된다.
1 atm이 mmHg 단위로는 760 mmHg이고 힘의 단위인 kPa로는 101.3 kPa이므로 이 값을 이용해서 단위 환산이 가능하다.

$$35\ \text{mmHg} = 35\ \text{mmHg} \times \boxed{\frac{101.3\ \text{kPa}}{760\ \text{mmHg}}} = 4.67\ \text{kPa}$$

따라서 절대압력은 < 절대압 = 대기압 − 진공압 > 으로부터
절대압 = 101.3 kPa − 4.67 kPa = 96.63 kPa

문제 V-12 대기압 101 kPa인 곳에서 측정된 진공압력이 7 kPa의 경우 절대압력은 몇 kPa인가?

풀이 주어진 조건에서 대기압이 101 kPa이고, 측정된 진공압이 7 kPa이므로
절대압력 = 대기압 − 진공압 에서
절대압력 = 대기압 − 진공압 = 101 kPa − 7 kPa = 94 kPa이 된다.

문제 V-13 그림에서 보는 바와 같이 두 지점에서 높이차가 비중량 γ_1이 85000 N/m^3인 액체로는 4 cm이고, 비중량이 γ_2인 또 다른 액체 기둥으로는 25 cm라면 이 액체의 비중은 얼마인가?

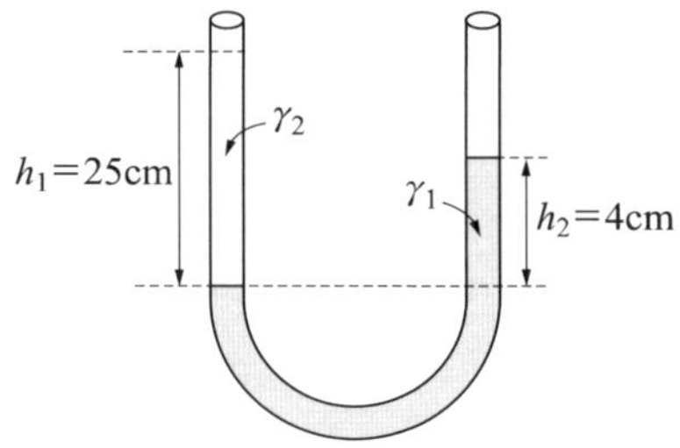

풀이 U자관 마노미터에 의한 압력차(ΔP)의 계산은 액주의 높이가 같으면 압력은 서로 같으므로 이 원리를 이용하면 $\gamma_1 h_1 = \gamma_2 h_2$가 된다.

이 값으로부터 액체의 비중량 γ_2은

$$\gamma_2 = \frac{\gamma_1 h_1}{h_2} = \frac{\frac{85000\ \text{N}}{\text{m}^3} \times 4\ \text{cm}}{25\ \text{cm}} = \frac{13600\ \text{N}}{\text{m}^3}$$

액체의 비중은 물의 비중량 9800 N/m^{3}으로부터

$$\text{액체의 비중} = \frac{\text{액체의 비중량}}{\text{물의 비중량}} = \frac{13600\ \text{N/m}^3}{9800\ \text{N/m}^3} = 1.39$$

문제 V-14 U자관 마노미터를 오리피스에 연결하였더니 H [m]의 높이의 차가 발생하였다. 마노미터에 들어 있는 수은(Hg)의 비중은 13.6이고 밀도가 1000 kg/m^{3}인 소방용수가 관내부로는 흐르는 경우 압력차는 몇 kN/m^{2}인가?

풀이 $\Delta P = P_a - P_b = (\rho_A - \rho_B) R_m g$ 에서

주어진 조건에서 물의 밀도가 $\frac{1000\ \text{kg}}{\text{m}^3}$이므로 수은의 밀도는 $\frac{13600\ \text{kg}}{\text{m}^3}$가 된다.

그러므로 압력차는 다음과 같이 계산할 수 있다.

$$\Delta P = \frac{(13600 - 1000)\ \text{kg}}{\text{m}^3} \times \text{H m} \times \frac{9.8\ \text{m}}{\text{s}^2} = \frac{123480\ \text{H kg}\cdot\text{m}}{\text{s}^2} \times \frac{1}{\text{m}^2}$$

$$\Delta P = \frac{123480\ \text{H kg}\cdot\text{m}}{\text{s}^2} \times \frac{1}{\text{m}^2} \times \boxed{\frac{1\ \text{N}}{\frac{1\ \text{kg}\cdot\text{m}}{\text{s}^2}}} = \frac{123480\ \text{H N}}{\text{m}^2}$$

$$\Delta P = \frac{123480\ \text{H N}}{\text{m}^2} = \frac{123.48 \times 10^3\ \text{H N}}{\text{m}^2} = \frac{123.48\ \text{H kN}}{\text{m}^2}$$

Chapter 6

온도와 일 그리고 열량

6-1 온 도

온도(Temperature)는 물질의 차고 뜨거운 정도를 수치로 나타낸 것으로 보통 온도계에 새겨진 눈금으로 표시한다. 온도의 다른 의미로는 물질 내에 있는 원자 또는 분자의 평균 운동 에너지로 정의한다. 일상생활에서는 온도와 열(Heat)을 혼동하여 사용하는 경우가 많은데, 열은 물체에 출입하는 총 에너지의 양이며, 온도는 물체가 가지고 있는 에너지의 수준을 뜻한다. 온도와 열의 관계는 용기에 물을 담았을 때 용기 내의 물의 양과 높이의 관계와 비슷하다. 즉 물의 높이가 증가하면 물의 양이 증가하듯이 온도가 증가하면 열이 증가하는 현상이 발생한다. 온도와 열의 밀접한 관계에도 불구하고 열과 온도라는 두 개념이 분명하게 구별된 것은 온도계가 고안되어 온도를 감각에 의존하지 않고 일정한 수치로서 객관적으로 표시할 수 있게 된 18세기 이후의 일이다.

개념정리	온도와 열	
	종 류	정 의
	온도(Temperature)	물체가 가지고 있는 에너지의 수준
	열(Heat)	물체에 출입하는 총 에너지의 양

온도를 나타내는 척도로는 상대온도와 절대온도가 있다. 물의 끓는점과 어는점을 기준으로 하는 섭씨온도(Celsius, ℃)와 화씨온도(Fahrenheit, °F)로 나타내는 온도를 상대온도 라고 한다. 이에 비해 분자들의 열역학적 분자운동을 사용해서 나타내는 절대온도에는 켈빈온도(Kelvine, K)와 랭킨온도(Rankine, °R)가 있다.

개념정리	온도의 종류		
	종 류	정 의	단 위
	상대온도	물의 끓는점과 어는점을 기준으로 한 온도	℃, °F
	절대온도	열역학적 분자운동을 기준으로 한 온도	K, °R

6-1-1 상대온도

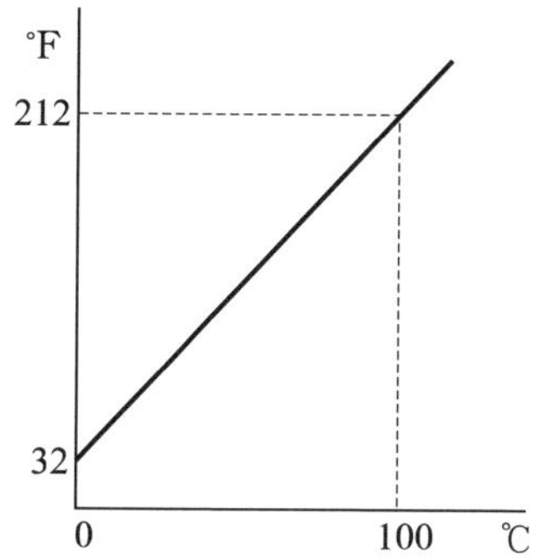

그림 6-1 상대온도인 ℃와 °F의 관계

우리가 널리 사용하는 온도인 상대온도는 물의 어는점과 끓는점을 기준으로 만들어진 것이다. 그림 6-1에서 보는 바와 같이 ℃로 표현되는 섭씨온도는 물의 어는점을 0, 그리고 끓는점을 100으로 하여 만들어진 것이다. 이에 비해 °F로 표현되는 화씨온도는 물의 어는점을 32, 그리고 끓는점을 212로 해서 만들어진 온도이다.

개념정리	상대온도의 종류	
	종류	정의
	℃	물의 어는점을 0, 물의 끓는점을 100으로 하는 온도
	°F	물의 어는점을 32, 물의 끓는점을 212로 하는 온도
	관계	$°F = ℃ \times \frac{212-32}{100-0} + 32 = ℃ \times 1.8 + 32$

그림 6-1에서 보는 것과 같이 섭씨온도(℃)가 0℃부터 100℃까지 100의 간격이 변화할 때, 화씨온도(°F)는 32°F 부터 212°F까지 180의 간격이 변화하여 °F와 ℃의 변화율은 1.8배의 차이를 보이며, 두 온도의 시작점의 온도가 0과 32로 32만큼의 편차를 지니므로 상대온도 ℃와 °F 사이의 관계는 $y = ax + b$의 방정식을 사용하여 다음과 같이 나타낸다.

$$°F = ℃ \times \frac{212-32}{100-0} + 32 = ℃ \times 1.8 + 32 \qquad ℃ = \frac{°F - 32}{1.8}$$

예제 6-1 25℃는 몇 °F인가?

solution °F = ℃ × 1.8 + 32에서 °F = 25 × 1.8 + 32 = 77°F가 된다.

예제 6-2 100°F는 몇 ℃인가?

solution °F = ℃ × 1.8 + 32에서 ℃ = (°F − 32)/1.8이 된다.
그러므로 100°F를 ℃로 환산하면 ℃ = (°F − 32)/1.8 = (100 − 32)/1.8 = 37.8℃ 이다.

6-1-2 절대온도

절대온도는 모든 온도가 전부 양의 숫자를 나타내며, 그 기준점은 분자운동이 거의 정지된 상태이다. 따라서 기체의 부피가 0이 되는 온도, 즉 −273℃와 일치되는 온도로 켈빈이 제안한 켈빈온도라고도 한다.

소방에서 기체와 관련된 식을 사용하는 경우 액체인 물을 기준으로 나타낸 상대온도가 아닌 기체의 부피팽창의 특성으로 계산된 온도인 절대온도를 사용하여야 한다. 온도에 대해 사용되는 절대온도의 단위로는 보통 다음과 같은 두 종류가 사용된다.

섭씨온도를 기준으로 하는 Kelvin(K)온도와 화씨온도를 기준으로 하는 Rankine(°R)온도가 있다. 절대온도(K, °R)와 상대온도 (℃, °F)의 환산관계는 다음과 같다.

K = ℃ + 273

°R = °F + 460

개념정리	절대온도의 종류	
	종 류	상대온도와 관계
	K	K = ℃ + 273
	°R	°R = °F + 460

예제 6-3 온도계를 이용해서 온도를 측정하였더니 108℃이었다. 이 온도는 절대온도로 몇 K인가?

solution 상대온도(℃)를 절대 온도(K)로 환산하는 과정은 다음과 같다.

K = ℃ + 273이므로 108℃를 절대온도 K로 환산하면

108℃ = 273 + 108 = 381 K

예제 6-4 온도계를 이용해서 온도를 측정하였더니 108℉이었다. 이 온도는 절대온도로 몇 K인가?

solution 상대온도(°F)를 절대 온도(K)로 환산하기 위해서는 먼저 ℃를 °F로 환산한 다음에 K로 환산하면 된다.

°F = ℃×1.8 + 32에서 ℃ = (°F−32)/1.8이 된다.

그러므로 108°F를 ℃로 환산하면 ℃ = (°F−32)/1.8 = (108−32)/1.8 = 42.2℃ 이다.

상대온도(℃)를 절대 온도(K)로 환산하는 과정은 K = ℃+273이므로 108°F에서 환산된 온도인 42.2℃를 절대온도 K로 환산하면

108 °F = 42.2 ℃ = 273 + 42.2 = 315.2 K

6-2 에너지의 계산

(1) 운동 에너지

운동 에너지는 물체가 속도를 가지고 운동할 때 생성되는 에너지를 말한다. m[kg]의 질량을 가진 물체가 U[m/s]의 속도로 운동할 때 발생하는 운동 에너지(kinetic energy, E_K)는 질량 m에 비례하고 속도 U의 제곱근에 비례하는 값을 가진다.

$$E_K = \frac{1}{2} m U^2$$

운동 에너지의 단위를 각 단위 체계에서 살펴보면 다음과 같다.

MKS 단위 체계에서 질량은 kg, 속도는 m/s 이므로 운동 에너지의 단위는

$\mathrm{kg} \times \left[\frac{\mathrm{m}}{\mathrm{s}}\right]^2 = \mathrm{kg} \times \left[\frac{\mathrm{m}}{\mathrm{s}^2}\right] \times \mathrm{m} = \mathrm{N} \times \mathrm{m} = \mathrm{J}$ 의 단위를 갖는다.

cgs 단위 체계에서 질량은 g, 속도는 cm/s 이므로 운동 에너지의 단위는

$\mathrm{g} \times \left[\frac{\mathrm{cm}}{\mathrm{s}}\right]^2 = \mathrm{g} \times \left[\frac{\mathrm{cm}}{\mathrm{s}^2}\right] \times \mathrm{cm} = \mathrm{dyne} \times \mathrm{cm} = \mathrm{erg}$ 의 단위를 갖는다.

개념정리	운동 에너지의 단위 ($E_K = \frac{1}{2} m U^2$)	
	MKS 단위계	cgs 단위계
	N × m = J	dyne × cm = erg

문제 6-5 질량이 550 kg인 물체가 2.5 m/s의 유속으로 관속에서 흐르고 있다. 이때 운동 에너지를 N·m의 단위로 구하시오.

solution m [kg]의 질량을 가진 물체가 U [m/s]의 속도로 운동할 때 발생하는 운동 에너지(kinetic energy, E_K)는 $E_K = \frac{1}{2} m U^2$ 이므로 주어진 조건을 이용해서 계산하면 다음과 같다.

$$E_K = \frac{m U^2}{2} = \frac{550\ \text{kg}}{2} \times \left(\frac{2.5\ \text{m}}{\text{s}}\right)^2 = \frac{1718.75\ \text{kg·m}^2}{\text{s}^2}$$

$$E_K = \frac{1718.75\ \text{kg·m}^2}{\text{s}^2} = \frac{1718.75\ \text{kg·m}^2}{\text{s}^2} \times \boxed{\frac{1\ \text{N}}{1\ \text{kg·m/s}^2}} = 1718.75\,\text{N} \times \text{m}$$

문제 6-6 질량이 100 kg인 물체가 15 m/min의 속도로 관속에서 흐르고 있다. 이때 운동 에너지를 N · m의 단위로 구하시오.

solution 운동 에너지(kinetic energy, E_K)는 $E_K = \frac{1}{2} m U^2$ 이므로 주어진 조건을 이용해서 계산하면 다음과 같다.

$$E_K = \frac{m U^2}{2} = \frac{100\ \text{kg}}{2} \times \left(\frac{15\ \text{m}}{\text{min}}\right)^2 \times \boxed{\left(\frac{1\ \text{min}}{60\ \text{s}}\right)^2} = \frac{3.125\ \text{kg·m}^2}{s^2}$$

$$E_K = \frac{3.125\ \text{kg·m}^2}{\text{s}^2} = \frac{3.125\ \text{kg·m}^2}{\text{s}^2} \times \boxed{\frac{1\ \text{N}}{1\ \text{kg·m/s}^2}} = 3.125\ \text{N} \times \text{m}$$

문제 6-7 질량이 100 lb인 물체가 5 m/s의 속도로 관속에서 흐르고 있다. 이때 운동 에너지를 N · m의 단위로 구하시오.

solution 운동 에너지(kinetic energy, E_K)는 $E_K = \frac{1}{2} m U^2$ 이므로 주어진 조건을 이용해서 계산하면 다음과 같다.

$$E_K = \frac{mU^2}{2} = \frac{100\ \text{lb}}{2} \times \left(\frac{5\ \text{m}}{\text{s}}\right)^2 \times \boxed{\frac{0.454\ \text{kg}}{1\ \text{lb}}} = \frac{567.5\ \text{kg}\cdot\text{m}^2}{\text{s}^2}$$

$$E_K = \frac{567.5\ \text{kg}\cdot\text{m}^2}{\text{s}^2} = \frac{567.5\ \text{kg}\cdot\text{m}^2}{\text{s}^2} \times \boxed{\frac{1\ \text{N}}{1\ \text{kg}\cdot\text{m/s}^2}} = 567.5\ \text{N} \times \text{m}$$

(2) 위치 에너지

운동 에너지를 속도변화에 의해서 생성된 에너지라고 하면, 위치 에너지는 높이 변화에 의해서 생성된 에너지라고 할 수 있다. 질량이 m인 물체가 중력가속도의 영향에 의해 높이 h만큼 자유낙하 하였다면 이 물체에 작용하는 에너지를 위치 에너지라고 한다. 위치 에너지를 식으로 표현하면 $E_P = mgh$이다.

위치 에너지의 단위는 MKS 단위 체계와 cgs 단위 체계에서 운동 에너지와 동일한 단위 체계를 지닌다.

개념정리	위치 에너지의 단위 ($E_P = mgh$)	
	MKS 단위계	cgs 단위계
	N × m = J	dyne × cm = erg

문제 6-8 높이 15 m 지점에 질량이 25 kg인 물체가 매달려 있다. 이 물체가 지상으로 자유낙하 한다면 위치 에너지는 몇 N·m인가? 단, 이때 중력가속도는 9.8 m/s^2이다.

solution 높이가 h인 곳에 위치하는 물체의 질량이 m일 때 이 물체에 작용하는 위치 에너지(Potential Energy, E_P)는 $E_P = mgh$이다.

$$E_P = mgh = 25\ \text{kg} \times 15\ \text{m} \times \frac{9.8\ \text{m}}{\text{s}^2} = \frac{3675\ \text{kg}\cdot\text{m}^2}{\text{s}^2}$$

$$E_P = \frac{3675\ \text{kg}\cdot\text{m}^2}{\text{s}^2} = \frac{3675\ \text{kg}\cdot\text{m}^2}{\text{s}^2} \times \boxed{\frac{1\ \text{N}}{1\ \text{kg}\cdot\text{m/s}^2}} = 3675\ \text{N}\cdot\text{m}$$

문제 6-9 높이 15 m 지점에 질량이 100 lb인 물체가 매달려 있다. 이 물체가 지상으로 자유낙하 한다면 위치 에너지는 몇 N·m인가? 단, 이때 중력가속도는 9.8 m/s^2이다.

solution 위치 에너지(Potential Energy, E_P)는 $E_P = mgh$이다.

$$E_P = mgh = 100\ \text{lb} \times \boxed{\frac{0.454\ \text{kg}}{1\ \text{lb}}} \times 15\ \text{m} \times \frac{9.8\ \text{m}}{\text{s}^2} = \frac{6673.8\ \text{kg}\cdot\text{m}^2}{\text{s}^2}$$

$$E_P = \frac{6673.8\ \text{kg}\cdot\text{m}^2}{\text{s}^2} = \frac{6673.8\ \text{kg}\cdot\text{m}^2}{\text{s}^2} \times \boxed{\frac{1\ \text{N}}{1\ \text{kg}\cdot\text{m}/\text{s}^2}} = 6673.8\ \text{N}\cdot\text{m}$$

6-3 동력의 계산

소방시설에서 사용되는 동력에 대한 계산은 소화약제의 운송에 대한 설계에 매우 중요한 개념이다. 일과 동력에 대한 개념은 소방시설의 설계 및 설치에 있어서 매우 중요한 물리적인 개념 중의 하나이다. 여기에서는 일과 동력에 대한 기본적인 개념과 단위체계에 대하여 간단히 살펴보기로 하자.

6-3-1 일(Work)

물체에 힘이 작용하여 물체를 힘의 방향으로 이동시켰을 때 일을 하였다고 한다. 물체에 한 일은 한 지점에서 다른 지점으로 이동한 물체의 위치변화에 의해서 뿐만 아니라 기체의 압축, 축의 회전, 외부 자기력에 의한 물체 내 입자들의 보이지 않는 운동에 의해서도 이루어진다.

즉 일(W)이란 힘(F)과 그것이 작용한 길이(dx)의 곱으로 나타낼 수 있다.

일(W) = 힘(F) × 길이변화(dx)

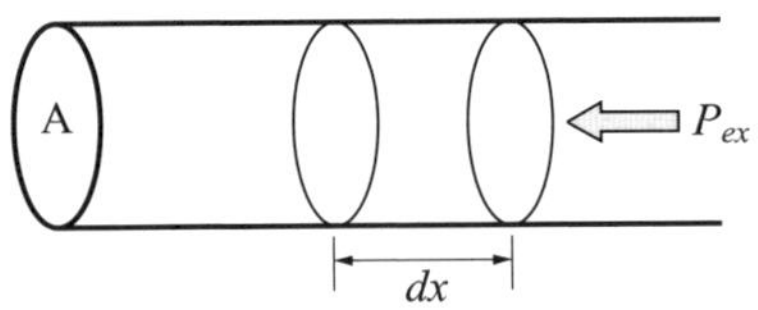

그림 6-2 외부 압력에 의한 일의 발생

개념정리	일(W)과 힘(F)의 관계
	일(W) = 힘(F) × 길이 변화(dx)

일은 힘(F)에 길이의 변화(dx)가 있을 때 발생한다.

즉, [일=힘×길이변화]로 나타낼 수 있다. 또한 힘(F)은 압력(P)×면적(A)으로 나타낼 수도 있으므로, 일의 값을 압력으로 나타내면 기체에 행해진 일은 다음과 같이 나타낼 수 있다. 그림 6-2에서와 같이 면적(A)인 곳에 외부에서 P_{ex}의 압력이 가해져서 dx 만큼의 길이의 변화가 발생하였다면 이때 외부에서 가해진 압력 P_{ex}에 의해서 생성된 일(W)은 다음과 같다. 면적(A)에 거리변화(dx)가 작용하면 부피변화(ΔV)와 같으므로, 외부에서 가해진 압력(P_{ex})에 의해 생성된 일(W)은

$\mathrm{Work} = P_{ex} \times A \times \Delta x = P_{ex} \times \Delta V$이다.

이 값은 기체의 경우 압력에 의해 부피가 변화 할 때 발생하는 일을 계산할 때 널리 사용된다.

화재현장에서는 온도가 상승하며, 이때 기체의 부피변화가 발생하게 된다. 이처럼 부피의 변화에 의해서 생성되는 일을 계산할 때 사용되는 값이다.

문제 6-10 아래 그림과 같이 면적이 25 cm²인 피스톤에 외부로부터 2 N/cm²의 압력을 가해 15 cm의 길이 변화가 발생했다. 이때 가해진 일은 몇 J인가?

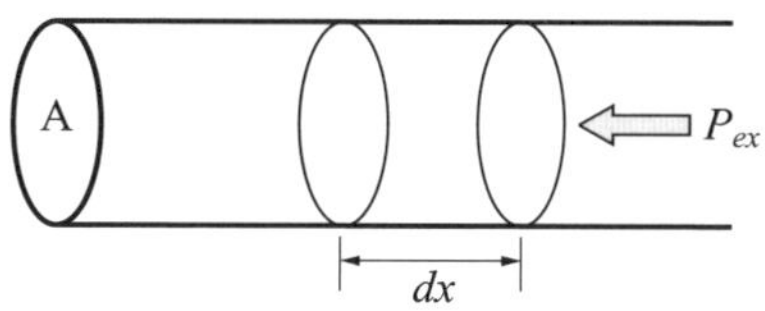

solution 일은 $W = P_{ex}\Delta V$로 압력과 부피 변화로부터 일을 계산할 수 있다.

$$W = P_{ex}\Delta V = \frac{2\ \mathrm{N}}{\mathrm{cm}^2} \times 25\ \mathrm{cm}^2 \times 15\ \mathrm{cm} \times \boxed{\frac{1\ \mathrm{m}}{100\ \mathrm{cm}}} \times \boxed{\frac{1\ \mathrm{J}}{1\ \mathrm{N} \times \mathrm{m}}} = 7.5\ \mathrm{J}$$

문제 6-11 주사기에 50 mL의 물을 넣고 1.3 $\mathrm{kg_f/cm^2}$의 압력을 가해 20 mL의 물을 주사기를 통해 방출 시켰다. 이때 주사기에 가해진 일은 몇 J인가?

solution 일은 $W = P_{ex}\Delta V$로 압력과 부피 변화로부터 일을 계산할 수 있다.

$$W = P_{ex}\Delta V = \frac{1.3\ \mathrm{kg_f}}{\mathrm{cm}^2} \times 20\ \mathrm{mL} \times \boxed{\frac{1\ \mathrm{cm}^3}{1\ \mathrm{mL}}} \times \boxed{\frac{1\ \mathrm{m}}{100\ \mathrm{cm}}} \times \boxed{\frac{9.8\ \mathrm{N}}{1\ \mathrm{kg_f}}} \times \boxed{\frac{1\ \mathrm{J}}{1\ \mathrm{N} \times \mathrm{m}}} = 2.548\ \mathrm{J}$$

개념정리	일의 단위		
	일의 차원	MKS 단위계	cgs 단위계
	[FL]	N × m = J	dyne × cm = erg 1 erg = 10^{-7} J

6-3-2 동력(power)

동력이란 단위시간에 행해진 일의 양을 나타내는 것으로 일률이라고도 한다. 동력의 하나인 마력은 영국마력(HP)과 미터마력(PS)이 있다. 1 HP은 매초 550 ft·lb, 즉 매분 33000 ft·lb의 일에 해당한다.

1 HP의 전기량은 746 W로 그 열량은 매시 2545 BTU(영국열량단위 : British Thermal Unit)이다. 1 PS은 매초 75 kg·m의 일로, 매분 4500 kg·m의 일을 말한다. 따라서 둘 사이의 관계는 1 PS = 0.9858 HP이 된다. 또 1 PS은 환산하면 대략 0.75 kW이다.

개념정리	마력의 종류	
	HP (영국 마력)	$1\ \text{HP} = \dfrac{550\ \text{lb}_\text{f} \times \text{ft}}{\text{s}} = \dfrac{33000\ \text{lb}_\text{f} \times \text{ft}}{\text{min}}$
	PS (미터 마력)	$1\ \text{PS} = \dfrac{75\ \text{kg}_\text{f} \times \text{m}}{\text{s}} = \dfrac{4500\ \text{kg}_\text{f} \times \text{m}}{\text{min}}$
	HP와 PS의 관계	1 PS = 0.9858 HP

동력(power)이란 단위 시간에 한일을 의미하고, 동력의 단위로 관습적으로 널리 사용되는 것은 HP, kW 등이 있다. 이들 단위의 구체적인 환산 관계는 다음과 같다.

$$1\ \text{HP} = \frac{550\ \text{lb}_\text{f} \times \text{ft}}{\text{s}} = \frac{550\ \text{lb}_\text{f} \times \text{ft}}{\text{s}} \times \boxed{\frac{0.454\ \text{kg}_\text{f}}{1\ \text{lb}_\text{f}}} \times \boxed{\frac{0.3048\ \text{m}}{1\ \text{ft}}} = \frac{76.1\ \text{kg}_\text{f} \times \text{m}}{\text{s}}$$

$$1\ \text{HP} = \frac{76.1\ \text{kg}_\text{f} \times \text{m}}{\text{s}} = \frac{76.1\ \text{kg}_\text{f} \times \text{m}}{\text{s}} \times \boxed{\frac{9.8\ \text{N}}{1\ \text{kg}_\text{f}}} \times \boxed{\frac{1\ \text{J}}{1\ \text{N} \times \text{m}}} = \frac{745.8\ \text{J}}{\text{s}}$$

$$1\ \text{HP} = \frac{745.8\ \text{J}}{\text{s}} = 745.8\ \text{W} \fallingdotseq 746\ \text{W}$$

$$746\ \text{W} = 1\ \text{HP}\ \text{이므로}\ 1\ \text{kW} = \frac{1\ \text{HP}}{0.746\ \text{kW}} = 1.34\ \text{HP}$$

$$1\ \text{W} = \frac{1\ \text{J}}{\text{s}}$$

개념정리	동력의 단위		
	동력의 차원	MKS 단위계	
	$[\text{FLT}^{-1}]$	$\frac{\text{J}}{\text{s}} = \text{W}$	1 HP = 0.746 kW

문제 6-12 2.5 HP는 몇 W인가?

solution 동력의 단위로부터 HP와 W 사이의 환산 관계는 다음과 같다.

$$1\ \text{HP} = \frac{745.8\ \text{J}}{\text{s}} = 745.8\ \text{W} \fallingdotseq 746\ \text{W}$$

따라서 2.5 HP를 W의 단위로 환산하면

$$2.5\ \text{HP} = 2.5\ \text{HP} \times \boxed{\frac{746\ \text{W}}{1\ \text{HP}}} = 1865\ \text{W}$$

문제 6-13 $\frac{100\ \text{kg}_\text{f}\cdot\text{m}}{\text{s}}$는 몇 HP인가?

solution 동력의 단위로부터 HP와 $\frac{\text{kg}_\text{f}\cdot\text{m}}{\text{s}}$ 사이의 환산 관계는 다음과 같다.

$$1\ \text{HP} = \frac{550\ \text{lb}_\text{f} \times \text{ft}}{\text{s}} = \frac{550\ \text{lb}_\text{f} \times \text{ft}}{\text{s}} \times \boxed{\frac{0.454\ \text{kg}_\text{f}}{1\ \text{lb}_\text{f}}} \times \boxed{\frac{0.3048\ \text{m}}{1\ \text{ft}}} = \frac{76.1\ \text{kg}_\text{f} \times \text{m}}{\text{s}}$$

따라서 $\frac{100\ \text{kg}_\text{f}\cdot\text{m}}{\text{s}}$를 HP의 단위로 환산하면

$$\frac{100\ \text{kg}_\text{f}\cdot\text{m}}{\text{s}} = \frac{100\ \text{kg}_\text{f}\cdot\text{m}}{\text{s}} \times \boxed{\frac{1\ \text{HP}}{\frac{76.1\ \text{kg}_\text{f}\cdot\text{m}}{\text{s}}}} = 1.31\ \text{HP}$$

6-4 열량(calorie)의 계산

같은 질량의 물질을 가열해도 어떤 물질은 온도가 빨리 변하지만, 어떤 물질은 온도가 잘 변하지 않는다. 이는 질량이 같아도 물질에 따라 온도를 변화시키는 데 필요한 열량이 다르기 때문이다. 어떤 물질 1 kg을 온도 1도 높이는 데 필요한 열량을 비열(specific heat)이라고 한다. 같은 열량을 가해도 비열이 큰 물질은 온도 변화가 작고, 비열이 작은 물질은 온도 변화가 크다. 일반적으로 액체의 비열은 고체의 비열보다 크기 때문에 고체의 온도 변화가 크다. 같은 물질이라도 질량이 크면 온도를 변화시키는 데 많은 열량이 필요하다. 또, 질량이 같아도 물질의 비열이 크면 온도를 변화시키는 데 많은 열량이 필요하다. 그래서 물체의 온도를 변화시키는 데 필요한 열량을 비교할 때는 물체의 질량과 비열을 알아야 한다.

개념정리	비열(specific heat)	
	정의	물질 1 g을 온도 1℃ 높이는 데 필요한 열량
	단위	$\frac{\text{cal}}{\text{g}\cdot℃}$

온도의 변화가 동반되는 공정이 진행되는 동안 물질 자체의 상변화 없이 온도의 변화에 따른 에너지의 변화와 온도는 일정하게 유지되면서 상변화에 따른 에너지의 변화가 발생된다. 이처럼 온도가 변화하면서 발생되는 에너지 변화를 **현열(sensible heat)**이라 하며, 온도의 변화 없이 상변화에 의하여 생성되는 에너지를 **잠열(latent heat)**이라 한다. 특히 소방용수로 사용되는 물은 높은 증발 잠열 때문에 우수한 냉각소화 효과를 나타낸다.

개념정리	잠열과 현열	
	잠열	온도의 변화 없이 상(phase) 변화에 의하여 생성되는 에너지
	현열	온도가 변화하면서 발생되는 에너지 변화

소방용수가 화재현장에서 사용되는 경우 액상으로 주수되어 증기상으로 증발하

게 된다. 이처럼 소방용수의 사용시 발생하는 에너지 변화에 대한 이해를 위해 열량의 계산은 매우 중요하다.

예를 들어 0℃의 물을 온도를 높여서 100℃의 수증기로 변화시키는 공정을 살펴보면, 이 공정은 0℃의 물을 온도를 높여서 100℃의 물로 만든 후 100℃의 수증기로 상 변화시키는 2 단계의 공정을 거치게 된다.

	현열		잠열	
0℃ 물	→	100℃ 물	→	100℃ 수증기
	온도변화		상변화	

- 1단계 : 0℃의 물을 100℃의 물로 **온도변화**
- 2단계 : 100℃의 물을 100℃의 수증기로 **상변화**

즉, 0℃의 물을 온도를 높여서 100℃의 수증기로 변화시키기 위하여 1번의 상변화와 1번의 온도변화에 따른 에너지의 변화가 발생한다. 그러므로 이 공정이 진행되는 동안 필요한 열량을 계산하기 위해서는 현열과 잠열에 대해서 이해하고 있어야 한다.

6-4-1 상변화 없는 조건에서 열량

온도가 변화할 때 상(phase)의 변화없이 온도가 증가하거나 감소하는 공정에서 필요로 하는 열량은 온도차에 의해서 결정된다. 그러나 대상물질에 따라서 같은 온도변화를 시키는데 필요한 열량은 서로 달라진다. 이는 물질이 지닌 고유한 열역학적 특성으로 그 값을 비열이라고 한다.

비열은 물질 일정량을 일정온도 만큼 변화시키는데 필요한 열량을 의미하는 것으로 물질의 고유한 특성값이다.

소방에서 소화약제로 널리 사용되는 물 1 g을 온도 1℃ 변화시키는데 필요한 열량을 1 cal로 기준으로 해서 다른 여러 물질들의 동일한 조건에서의 열량을 계산할 수 있다.

물질의 온도변화(ΔT)에 따른 에너지 값인 열량(Q)은 다음과 같이 구한다.

$$Q = mC\Delta T$$

여기서, m : 질량
C : 비열(cal/g℃)
ΔT : 온도차

예제 6-14 물 250 g을 25℃에서 90℃로 온도변화 시키는데 필요한 열량은 몇 cal인가?

solution 물의 비열은 1 cal/g℃ 이므로 물 250 g을 25℃에서 90℃로 65℃만큼 온도 변화시키는데 필요한 열량(cal)은 다음과 같다.

$$\begin{aligned} Q &= mC\Delta T \\ &= 250\ \text{g} \times \frac{1\ \text{cal}}{\text{g℃}} \times (90℃ - 25℃) \\ &= 16250\ \text{cal} \end{aligned}$$

예제 6-15 0℃의 $H_2O(l)$ 1.5ℓ를 85℃까지 가열하였다. 이때 필요한 열량은 몇 cal인가?

solution 0℃의 $H_2O(l)$를 가열하여 85℃의 $H_2O(l)$로 되었을 때 필요한 열량을 계산하기 위해서는 물이 비열 값을 알아야 한다.

물의 비열은 $\frac{1\ \text{cal}}{\text{g ℃}}$이므로 $Q = mC\Delta T$로부터 열량 Q를 계산하면 다음과 같다.

$$Q = mC\Delta T = \frac{1\ \text{cal}}{\text{g ℃}} \times (85-0)℃ \times 1.5\ \ell \times \boxed{\frac{1000\ \text{g}}{1\ \ell}} = 127500\ \text{cal}$$

6-4-2 상변화를 동반하는 열량

소화용수로 주로 사용되는 물의 주된 소화효과는 냉각효과이다. 물을 화재 현장에 주수하면 물 분자가 증발하면서 물 1 g당 539 cal의 열을 제거한다. 이처럼 물이 증발하면서 상의 변화가 일어난다. 이러한 상의 변화는 많은 양의 내부에너지의 변화와 엔탈피 변화를 동반하게 된다. 일반적으로 물질의 상이 변화하게 되면 최초의 상(phase)의 분자간의 결합이 끊어지고, 분자간의 새로운 결합이 형성된다. 이때 필요한 에너지의 변화가 발생한다. 이와 같이 온도가 일정하게 유지되면서 상이 변화하는데 필요한 에너지를 잠열이라 한다.

개념정리	물의 잠열		
	증발 잠열	액체에서 수증기로 변화하는 에너지	539 cal/g
	용융 잠열	얼음이 녹아서 물로 될 때 에너지	80 cal/g

예제 6-16 0℃의 얼음 1 g을 가열하여 100℃의 수증기로 만들기 위하여 필요한 최소한의 에너지는 몇 cal인가?
물의 증발잠열(ΔH_v)과 용융잠열(ΔH_S)은 다음과 같다.

$$\Delta H_v = \frac{539\ \text{cal}}{\text{g}},\ \Delta H_s = \frac{80\ \text{cal}}{\text{g}}$$

solution 0℃의 $H_2O(s)$를 가열하여 100℃의 증기로 만들기 위하여 다음과 같은 공정을 거쳐야 한다.

$$0℃\ H_2O(s) \xrightarrow[\text{용융}]{①} 0℃\ H_2O(l) \xrightarrow[\text{가열}]{②} 100℃\ H_2O(l) \xrightarrow[\text{증발}]{③} 100℃\ H_2O(v)$$

① 0℃의 $H_2O(s)$를 가열하여 0℃의 $H_2O(l)$로 되는 공정은 온도변화 없이 상이 변화하는 공정으로 물의 용융 잠열(ΔH_s)로부터 필요한 에너지를 계산하면

$$\Delta H_s = \frac{80\ \text{cal}}{\text{g}} \times 1\ \text{g} = 80\ \text{cal}$$

② 0℃의 $H_2O(l)$를 가열하여 100℃의 $H_2O(l)$로 되는 공정은 온도가 변화하는 공정이므로 이때 필요한 에너지를 계산하면

$$\Delta H_{0\sim100} = \frac{1\ \text{cal}}{\text{g ℃}} \times 100℃ \times 1\ \text{g} = 100\ \text{cal}$$

③ 100℃의 $H_2O(l)$를 가열하여 100℃의 $H_2O(v)$로 되는 공정은 온도변화 없이 상이 변화하는 공정으로 물의 증발 잠열(ΔH_v)로부터 필요한 에너지를 계산하면

$$\Delta H_v = \frac{539\ \text{cal}}{\text{g}} \times 1\ \text{g} = 539\ \text{cal}$$

④ 0℃의 $H_2O(s)$를 가열하여 100℃의 $H_2O(v)$로 되는 공정에서 필요한 에너지를 계산하면 $\Delta H_{overall} = \Delta H_s + \Delta H_{0\sim100} + \Delta H_v$으로부터

$$\Delta H_{overall} = 80\ \text{cal} + 100\ \text{cal} + 539\ \text{cal} = 719\ \text{cal}$$

예제 6-17 20℃의 $H_2O(l)$ 1 g을 가열하여 125℃의 증기로 만들기 위하여 필요한 최소한의 에너지를 구하시오. 이 과정에서 물질의 질량 변화는 발생하지 않는다.
액체 상태와 수증기 상태의 H_2O의 열용량은 다음과 같다. (1 cal=4.2 J)

$H_2O(l)$: $C_p\left[\dfrac{J}{mol \cdot K}\right] = 18.296$, $H_2O(v)$: $C_p\left[\dfrac{J}{mol \cdot ℃}\right] = 33.46$

solution 20℃의 $H_2O(l)$를 가열하여 125℃의 증기로 만들기 위하여 다음과 같은 공정을 거쳐야 한다.

20℃ $H_2O(l)$ → 100℃ $H_2O(l)$ $\underset{증발}{\rightarrow}$ 100℃ $H_2O(v)$ → 125℃ $H_2O(v)$

물의 증발잠열(ΔH_v)은 다음과 같다. $\Delta H_v = \dfrac{539\ cal}{g}$

액체 상태와 수증기 상태의 H_2O의 열용량은 다음과 같다.

$$H_2O(l) : C_p\left[\frac{J}{mol \cdot K}\right] = 18.296$$

$$H_2O(v) : C_p\left[\frac{J}{mol \cdot ℃}\right] = 33.46$$

따라서 $\Delta H_{overall} = \Delta H_{293 \sim 373} + \Delta H_v + \Delta H_{100 \sim 125}$ 이다.

그러므로 20℃(293 K)부터 100℃(373 K)까지의 엔탈피 변화와 100℃부터 125℃까지의 엔탈피 변화를 구하면 다음과 같다.

① $H_2O(l)$가 20℃에서 100℃로 온도가 변화할 때 필요한 열량

물의 비열은 $C_p\left[\dfrac{J}{mol \cdot K}\right] = 18.296$이므로 $Q = mC\Delta T$로부터 열량 Q를 계산하면 다음과 같다.

$$Q = mC\Delta T = 1\ g \times \frac{18.296\ J}{mol \cdot K} \times (373 - 293)\ K \times \frac{1\ mol}{18\ g} \times \boxed{\frac{1\ cal}{4.2\ J}} = 19.36\ cal$$

② 100℃의 $H_2O(l)$를 가열하여 100℃의 $H_2O(v)$로 되는 공정은 온도변화 없이 상이 변화하는 공정으로 물의 증발 잠열(ΔH_v)로부터 필요한 에너지를 계산하면

$$\Delta H_v = \frac{539\ cal}{g} \times 1\ g = 539\ cal$$

③ 100℃의 $H_2O(v)$를 가열하여 125℃의 $H_2O(v)$로 되는 공정에서 필요한 에너지를 계산하면

수증기의 비열은 $C_p\left[\frac{\text{J}}{\text{mol·K}}\right]=33.46$이므로 $Q=m\,C\Delta T$로부터 열량 Q를 계산하면 다음과 같다.

$$Q=m\,C\Delta T=1\,\text{g}\times\frac{33.46\ \text{J}}{\text{mol}\cdot{}^\circ\text{C}}\times(125-100)^\circ\text{C}\times\frac{1\ \text{mol}}{18\ \text{g}}\times\boxed{\frac{1\ \text{cal}}{4.2\ \text{J}}}=11.06\ \text{cal}$$

따라서 20℃의 $H_2O(l)$를 가열하여 125℃의 수증기로 만들기 위하여 필요한 에너지는 다음과 같다.

$\Delta H_{overall}=\Delta H_{293\sim373}+\Delta H_v+\Delta H_{100\sim125}$으로부터

$$\Delta H_{overall}=19.36\ \text{cal}+539\ \text{cal}+11.06\ \text{cal}=569.42\ \text{cal}$$

보 충 문 제

문제 VI-1 유체가 10 m/s의 속도로 흐를 때 이 유체 1 kg이 할 수 있는 운동 에너지는 몇 $kg_f \cdot m$인가?

풀이 운동 에너지는 $E_K = \frac{1}{2} m U^2$

$$E_K = \frac{1}{2} m U^2 = \frac{1}{2} \times 1\ \text{kg} \times (10\ \text{m/s})^2 = 50\ \text{kg}\cdot\text{m}^2/\text{s}^2$$

$$E_K = 50\ \text{kg}\cdot\text{m}^2/\text{s}^2 = 50\ \text{kg}\cdot\text{m}^2/\text{s}^2 \times \boxed{\frac{1\ \text{N}}{1\ \text{kg}\cdot\text{m/s}^2}} = 50\ \text{N} \times \text{m}$$

$$E_K = 50\ \text{N} \times \text{m} = 50\ \text{N} \times \text{m} \times \boxed{\frac{1\ \text{kg}_f}{9.8\ \text{N}}} = 5.1\ \text{kg}_f \times \text{m}$$

문제 VI-2 비중이 0.95인 유체가 2.5 m/s의 속도로 흐를 때 이 유체 1 m^3이 할 수 있는 운동 에너지는 몇 N · m인가?

풀이 운동 에너지는 $E_K = \frac{1}{2} m U^2$이고 유체의 부피를 밀도를 이용해서 질량으로 바꾸어서 계산한다.

물의 밀도가 1000 kg/m^3이므로 유체의 밀도는 1000 kg/m^3 × 0.95 = 950 kg/m^3이다.

질량(m)과 밀도(ρ)의 관계 $m = \rho V$를 이용하면

$$E_K = \frac{1}{2} m U^2 = \frac{1}{2} \rho V U^2 = \frac{1}{2} \times 1\ \text{m}^3 \times \frac{950\ \text{kg}}{\text{m}^3} \times (2.5\ \text{m/s})^2 = 2968.75\ \text{kg}\cdot\text{m}^2/\text{s}^2$$

$$E_K = 2968.75\ \text{kg}\cdot\text{m}^2/\text{s}^2 = 2968.75\ \text{kg}\cdot\text{m}^2/\text{s}^2 \times \boxed{\frac{1\ \text{N}}{1\ \text{kg}\cdot\text{m/s}^2}} = 2968.75\ \text{N} \times \text{m}$$

문제 VI-3 표준중력장에서 1 kg의 질량이 갖는 힘의 크기는 몇 N인가?

풀이 $F = mg$이므로 $F = mg = 1\ \text{kg} \times \frac{9.8\ \text{m}}{\text{s}^2} = \frac{9.8\ \text{kg}\cdot\text{m}}{\text{s}^2} = 9.8\ \text{N}$

문제 VI-4 부피가 350 ℓ이고 비중이 0.9인 액체에 9.8 m/s^2의 가속도가 작용하였다면 이 액체에 가해진 힘은 몇 N인가?

풀이 $F = mg$에서 유체의 부피를 밀도를 이용해서 질량으로 바꾸어서 계산한다.

물의 밀도가 1 kg/ℓ이므로 유체의 밀도는 1 kg/ℓ × 0.9 = 0.9 kg/ℓ이다.

$$F = \rho Vg = \frac{0.9\ \text{kg}}{\ell} \times 350\ \ell \times \frac{9.8\ \text{m}}{\text{s}^2} = \frac{3087\ \text{kg}\cdot\text{m}}{\text{s}^2} = 3087\ \text{N}$$

문제 VI-5 질량이 15 kg인 물체에 9.8 m/s²의 가속도가 작용하였다면 이 물체에 가해진 힘은 몇 N인가?

풀이 $F = mg = 15\ \text{kg} \times \frac{9.8\ \text{m}}{\text{s}^2} = \frac{147\ \text{kg}\cdot\text{m}}{\text{s}^2} = 147\ \text{N}$

문제 VI-6 98 N은 몇 kg_f인가?

풀이 N과 kg_f 는 힘의 단위이다. 1 N은 1 kg의 질량에 1 m/s²의 가속도가 가해진 힘을 의미한다. 그에 비해 1 kg_f는 1 kg의 질량에 9.8 m/s²의 중력가속도가 가해진 힘을 의미한다.

따라서 $1\ N = 1\ \text{kg} \times \frac{1\ \text{m}}{\text{s}^2} = \frac{1\ \text{kg}\cdot\text{m}}{\text{s}^2}$ 이 되며

$1\ \text{kg}_\text{f} = 1\ \text{kg} \times \frac{9.8\ \text{m}}{\text{s}^2} = \frac{9.8\ \text{kg} \times \text{m}}{\text{s}^2} = 9.8\ \text{N}$으로 나타낸다.

따라서 $98\ \text{N} = 98\ \text{N} \times \boxed{\frac{1\ \text{kg}_\text{f}}{9.8\ \text{N}}} = 10\ \text{kg}_\text{f}$

문제 VI-7 물 100 kg이 15 m/s의 유속으로 관속에서 흐르고 있다. 이때 운동 에너지를 N · m 의 단위로 구하시오.

풀이 운동 에너지는 $E_K = \frac{1}{2} m U^2$

$$E_K = \frac{1}{2} m U^2 = \frac{1}{2} \times 100\ \text{kg} \times (15\ \text{m/s})^2 = 11250\ \text{kg}\cdot\text{m}^2/\text{s}^2$$

$$E_K = 11250\ \text{kg}\cdot\text{m}^2/\text{s}^2 = 11250\ \text{kg}\cdot\text{m}^2/\text{s}^2 \times \boxed{\frac{1\ \text{N}}{1\ \text{kg}\cdot\text{m/s}^2}} = 11250\ \text{N} \times \text{m}$$

문제 VI-8 에너지 단위인 $100\ \text{kg}_\text{f} \times \text{m}$를 SI 단위계인 J로 환산하면 몇 J 인가?

풀이 J (Joule)은 에너지단위로 1 N의 힘이 1 m의 거리에 작용한 값을 의미한다. 즉, $1\ \text{J} = 1\text{N} \times 1\text{m}$가 된다.

$100\ \text{kg}_\text{f} \times \text{m} = 100\ \text{kg}_\text{f} \times \text{m} \times \boxed{\frac{9.8\ \text{N}}{1\ \text{kg}_\text{f}}} = 980\ \text{N} \times \text{m} = 980\ \text{J}$이 된다.

문제 VI-9 동력의 단위인 $\frac{100\ \text{kg}_\text{f}\cdot\text{m}}{\text{s}}$를 SI 단위계인 kW로 환산하면 몇 kW인가?

풀이 W는 동력의 단위계로 1 s 동안 1 J의 힘이 가해진 동력을 의미한다.

즉, $1\ \text{W} = \frac{1\ \text{J}}{\text{s}}$가 된다.

$$\frac{100\ \text{kg}_\text{f}\cdot\text{m}}{\text{s}} = \frac{100\ \text{kg}_\text{f}\cdot\text{m}}{\text{s}} \times \boxed{\frac{9.8\ \text{N}}{1\ \text{kg}_\text{f}}} = \frac{980\ \text{N}\cdot\text{m}}{\text{s}} = \frac{980\ \text{J}}{\text{s}} = 980\ \text{W} = 0.98\ \text{kW}$$

문제 VI-10 그림과 같이 면적이 16 cm^{2}인 피스톤에 외부로부터 250 N/m^{2}의 압력을 가했더니 피스톤이 24 cm 만큼 이동했다. 이때 가해진 일은 몇 J인가?

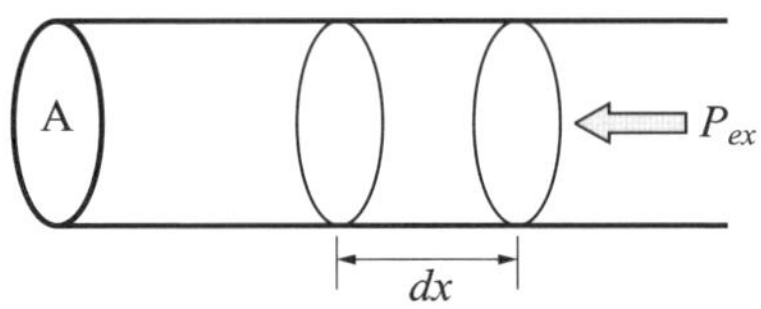

풀이 일은 $W = P_{ex}\Delta V$ 이므로 압력과 부피 변화로부터 일을 계산할 수 있다.

$$W = P_{ex}\Delta V = \frac{250\ \text{N}}{\text{m}^2} \times 16\ \text{cm}^2 \times 24\ \text{cm} \times \boxed{\left(\frac{1\ \text{m}}{100\ \text{cm}}\right)^3} \times \boxed{\frac{1\ \text{J}}{1\ \text{N}\times\text{m}}} = 0.096\ \text{J}$$

문제 VI-11 1250 W는 몇 HP인가?

풀이 동력의 단위로부터 HP와 W 사이의 환산 관계는 다음과 같다.

$$1\ \text{HP} = \frac{745.9\ \text{J}}{\text{s}} = 745.9\ \text{W} \fallingdotseq 746\ \text{W}$$

따라서 1250 W를 HP의 단위로 환산하면

$$1250\ \text{W} = 1250\ \text{W} \times \boxed{\frac{1\ \text{HP}}{746\ \text{W}}} = 1.68\ \text{HP}$$

문제 VI-12 2.5 HP는 몇 $\frac{\text{kg}_\text{f}\cdot\text{m}}{\text{s}}$인가?

풀이 동력의 단위로부터 HP와 $\frac{\text{kg}_\text{f}\cdot\text{m}}{\text{s}}$ 사이의 환산 관계는 다음과 같다.

$$1\ \text{HP} = \frac{550\ \text{lb}_\text{f}\times\text{ft}}{\text{s}} = \frac{550\ \text{lb}_\text{f}\times\text{ft}}{\text{s}} \times \boxed{\frac{0.454\ \text{kg}_\text{f}}{1\ \text{lb}_\text{f}}} \times \boxed{\frac{0.3048\ \text{m}}{1\ \text{ft}}} = \frac{76.1\ \text{kg}_\text{f}\times\text{m}}{\text{s}}$$

따라서 2.5 HP를 $\frac{kg_f \cdot m}{s}$의 단위로 환산하면

$$2.5\ HP = 2.5\ HP \times \boxed{\frac{\frac{76.1\ kg_f \cdot m}{s}}{1\ HP}} = \frac{190.25\ kg_f \cdot m}{s}$$

문제 VI-13 20℃의 온도를 유지하는 소방용수에 외부로부터 에너지가 가해져서 소방용수의 온도가 43.5℃까지 상승하였다. 이때 외부에서 가해진 열량은 cal/g인가?

풀이 20℃의 온도를 유지하는 소방용수에 외부로부터 에너지가 가해져서 소방용수의 온도가 43.5℃까지 상승하였을 경우 외부에서 가해진 에너지는 다음과 같다.

$Q = mC\Delta T$이므로 $\frac{Q}{m} = C\Delta T$가 된다.

$$\frac{Q}{m} = C\Delta T = \frac{1\ cal}{g\ ℃} \times (43.5 - 20)℃ = 23.5\ cal/g$$

문제 VI-14 소화약제인 물이 얼음에서 물로 되는데 필요한 융해열은 얼마인가?

풀이 물의 잠열에는 증발잠열과 융해열 2가지가 있다. 물의 증발잠열은 539 cal/g이고 융해열은 80 cal/g이다.

문제 VI-15 증발잠열이 385.8 kJ/kg인 물질 5 kg이 기화하는데 필요한 열량은 몇 kJ인가?

풀이 물질이 기화(증발)하는데 필요한 열량

$$Q = m \times \Delta H_{vap} = 5\ kg \times \frac{385.8\ kJ}{kg} = 1929\ kJ$$

문제 VI-16 용량이 500 W인 전열기로 2 kg의 물(평균비열 4.18 kJ/kg · K)을 10℃에서 100℃까지 가열하는 경우 전열기의 발생열 중 45 %가 유용하게 이용된다면 가열에 필요한 시간은 몇 분[min]인가?

풀이 열량 $Q = mC(T_2 - T_1)$에서 Q : 열량[W], C : 비열[kJ/kg·K], T : 온도, m : 질량이다.

주어진 조건에서 2 kg의 물(평균비열 4.18 kJ/kg·K)을 10 ℃에서 100 ℃까지 가열하는데 필요한 에너지는 다음과 같다.

$$q = mC(T_2 - T_1) = 2\ kg \times 4.18\ kJ/kg \cdot K \times (373K - 283K) = 752.4\ kJ$$

전열기의 용량이 500 W이고 발생열 중 45%만이 물의 가열에 사용되었으므로 활용된 에너지의 양은 500 W × 0.45 = 225 W = 225 J/s이다.

따라서 가열에 소요되는 시간은

$$\frac{\mathrm{s}}{225\ \mathrm{J}} \times 752.4 \times 10^3\ \mathrm{J} = 3344\ \mathrm{s} = 3344\ \mathrm{s} \times \boxed{\frac{1\ \mathrm{min}}{60\ \mathrm{s}}} = 55.73\ \mathrm{min}$$

문제 VI-17 용량이 3 kW인 전열기로 10 kg의 물(평균비열 4.2 kJ/kg · K)을 20 ℃에서 50 ℃까지 가열하는 경우 열손실이 없을 경우 가열에 필요한 에너지는 몇 kJ인가?

풀이 열량 $Q = mC(T_2 - T_1)$ 에서

Q : 열량[W], C : 비열[kJ/kg·K], T : 온도, m : 질량이다.

주어진 조건에서 10 kg의 물(평균비열 4.2 kJ/kg·K)을 20 ℃에서 50 ℃까지 가열하는데 필요한 에너지는 다음과 같다.

$$Q = mC(T_2 - T_1) = 10\ \mathrm{kg} \times \frac{4.2\ \mathrm{kJ}}{\mathrm{kg \cdot K}} \times (30\ \mathrm{K}) = 1260\ \mathrm{kJ}$$

문제 VI-18 대기압 하에서 15 ℃의 물 1 kg이 전부 증발하여 100 ℃의 수증기가 되는데 흡수되는 열량은 몇 kcal인가?

풀이 물의 상 및 온도 변화에 따른 열량은 크게 두 가지로 나누어진다. 상의 변화에 따른 열량인 잠열과 온도 변화에 의한 현열 등 2가지로 구분된다.

① 현열 $Q = mC\Delta T$이고

② 잠열은 증발에 의한 증발 잠열과 융해에 의한 융해 잠열로 구분된다.

따라서 주어진 조건에서 15℃의 물이 100℃의 수증기로 되는 과정은 우선 15℃의 물이 100℃의 물로 변화는 온도 변화의 과정과 100℃의 물이 100℃의 수증기로 되는 상변화의 과정 등 2가지 과정을 거쳐서 일어난다.

그러므로

$Q_T = Q_{현열} + Q_{잠열}$ 로 계산된다.

$$Q_T = Q_{현열} + Q_{잠열} = mC\Delta T + m\Delta H_{증발}$$

$$Q_T = mC\Delta T + m\Delta H_{증발}$$

$$Q_T = 1\ \mathrm{kg} \times \frac{1\ \mathrm{kcal}}{\mathrm{kg \cdot ℃}} \times (100 - 15)℃ + 1\ \mathrm{kg} \times \frac{539\ \mathrm{kcal}}{\mathrm{kg}} = 624\ \mathrm{kcal}$$

문제 VI-19 대기압 하에서 15℃의 물 2 kg을 소화약제로 사용하여 모두 증발시켰을 때 냉각효과를 얻을 수 있는 열량은 몇 kJ인가?

풀이 물의 상 및 온도 변화에 따른 열량은 크게 두 가지로 나누어진다. 상의 변화에 따른 열량인 잠열과 온도 변화에 의한 현열 등 2가지로 구분된다.

① 현열 $Q = mC\Delta T$ 이고

② 잠열은 증발에 의한 증발 잠열과 융해에 의한 융해 잠열로 구분된다.

따라서 주어진 조건에서 15℃의 물이 100℃의 수증기로 되는 과정은 우선 15℃의 물이 100℃의 물로 변화는 온도 변화의 과정과 100℃의 물이 100℃의 수증기로 되는 상변화의 과정 등 2가지 과정을 거쳐서 일어난다.

그러므로

$Q_T = Q_{현열} + Q_{잠열}$ 로 계산된다.

$Q_T = Q_{현열} + Q_{잠열} = mC\Delta T + m\Delta H_{증발}$

$Q_T = mC\Delta T + m\Delta H_{증발}$

$$Q_T = 2\ \mathrm{kg} \times \frac{1\ \mathrm{kcal}}{\mathrm{kg}\cdot℃} \times (100-15)℃ + 2\ \mathrm{kg} \times \frac{539\ \mathrm{kcal}}{\mathrm{kg}} = 1248\ \mathrm{kcal}$$

에너지 단위 환산 관계에서 1 cal = 4.2 J이므로

$$Q_T = mC\Delta T + m\Delta H_{증발} = 1248\ \mathrm{kcal} = 1248\ \mathrm{kcal} \times \boxed{\frac{4.2\ \mathrm{kJ}}{1\ \mathrm{kcal}}} = 5241.6\ \mathrm{kJ}$$

문제 VI-20 20℃ 의 물 소화약제 40 kg을 사용하여 화재를 소화하였다. 이때 물 소화약제 40 kg이 전부 기화하였다면 기화하는데 흡수한 열량은 몇 kcal인가?
(단, 물의 증발잠열은 539 kcal/kg이다.)

풀이 물의 상 및 온도 변화에 따른 열량은 크게 두 가지로 나누어진다. 상의 변화에 따른 열량인 잠열과 온도 변화에 의한 현열 등 2가지로 구분된다.

① 현열 $Q = mC\Delta T$ 이고

② 잠열은 증발에 의한 증발잠열과 융해에 의한 융해잠열로 구분된다.

따라서 주어진 조건에서 20℃의 물이 증발되어서 100℃의 수증기로 되는 과정은 우선

① 20℃의 물이 100℃의 물로 변화하는 과정

② 100℃의 물이 100℃의 수증기로 되는 상변화의 과정

그러므로 $Q_T = Q_{100℃ - 20℃} + Q_{잠열}$ 로 계산되며, $Q_T = mC\Delta T + m\Delta H_{증발}$ 이 된다.

① 20℃의 물이 100℃의 물로 변화는 온도 변화의 과정에서의 에너지

$$Q_{현열} = mC\Delta T = 40\ \text{kg} \times \frac{1\ \text{kcal}}{\text{kg}\cdot ℃} \times (100-20)℃ = 3200\ \text{kcal}$$

② 100℃의 물이 100℃의 수증기로 되는 상변화의 과정에서의 에너지

$$Q_{증발} = m\,\Delta H_{증발} = 40\ \text{kg} \times \frac{539\ \text{kcal}}{\text{kg}} = 21560\ \text{kcal}$$

따라서 $Q_T = mC\Delta T + m\,\Delta H_{증발}$ 에서

$$Q_T = 3200\ \text{kcal} + 21560\ \text{kcal} = 24760\ \text{kcal}$$

문제 VI-21 대기압 하에서 −15℃의 얼음 10 g을 100℃의 증기로 만드는데 필요한 열량은 몇 kJ인가? (단, 얼음의 융해열은 335 kJ/kg, 물의 증발잠열은 2256 kJ/kg, 얼음의 평균 비열은 2.1 kJ/kg · K이고, 물의 평균 비열은 4.18 kJ/kg · K이다.)

풀이 물의 상 및 온도 변화에 따른 열량은 크게 두 가지로 나누어진다. 상의 변화에 따른 열량인 잠열과 온도 변화에 의한 현열 등 2가지로 구분된다.

① 현열 $Q = mC\Delta T$이고

② 잠열은 증발에 의한 증발 잠열과 융해에 의한 융해 잠열로 구분된다.

따라서 주어진 조건에서 −15℃의 얼음이 100℃의 수증기로 되는 과정은

① −15℃의 얼음이 0℃의 얼음으로 변화하는 과정

② 0℃의 얼음이 0℃의 물로 변화하는 과정

③ 0℃의 물이 100℃의 물로 변화는 온도 변화의 과정

④ 100℃의 물이 100℃의 수증기로 되는 상변화의 과정 등 4가지 과정을 거쳐서 일어난다.

그러므로 $Q_T = Q_{현열} + Q_{잠열} + Q_{현열} + Q_{잠열}$ 로 계산된다.

$Q_T = Q_{현열} + Q_{잠열} + Q_{현열} + Q_{잠열}$ 에서

$Q_T = mC\Delta T + m\,\Delta H_{융해} + mC\Delta T + m\,\Delta H_{증발}$ 이 된다.

① −15℃의 얼음 10 g(=0.01 kg)이 0℃의 얼음으로 변화하는 과정에서의 에너지는 다음과 같다.

$$Q_{현열} = mC\Delta T = 0.01\ \text{kg} \times \frac{2.1\ \text{kJ}}{\text{kg}\cdot\text{K}} \times (15-0)\text{K} = 0.315\ \text{kJ}$$

② 0℃의 얼음 10 g이 0℃의 물로 상변화하는 과정에서의 에너지는 다음과 같다.

$$Q_{융해잠열} = m\,\Delta H_{융해} = 0.01\ \text{kg} \times \frac{335\ \text{kJ}}{\text{kg}} = 3.35\ \text{kJ}$$

③ 0℃의 물 10 g이 100℃의 물로 변화는 온도 변화의 과정에서의 에너지는 다음과 같다.

$$Q_{현열} = mC\Delta T = 0.01\ \text{kg} \times \frac{4.18\ \text{kJ}}{\text{kg}\cdot\text{K}} \times (100-0)\text{K} = 4.18\ \text{kJ}$$

④ 100℃의 물 10 g이 100℃의 수증기로 되는 상변화의 과정에서의 에너지는 다음과 같다.

$$Q_{증발잠열} = m\,\Delta H_{증발} = 0.01\ \text{kg} \times \frac{2256\ \text{kJ}}{\text{kg}} = 22.56\ \text{kJ}$$

따라서 −15℃의 얼음 10 g을 100℃의 증기로 만드는데 필요한 열량은

$Q_T = Q_{현열} + Q_{융해} + Q_{현열} + Q_{잠열}$ 에서

$$Q_T = 0.315\ \text{kJ} + 3.35\ \text{kJ} + 4.18\ \text{kJ} + 22.56\ \text{kJ} = 30.405\ \text{kJ}$$

Memo

Chapter 7

기체 관련 법칙

7-1 기체 관련 기본 법칙

소방에서 사용되는 약제는 액체인 물과 이산화탄소 소화약제, 할로겐 소화약제, 청정소화약제 등 기체로 구분된다. 최근에는 기체 소화약제를 이용한 소방시설의 수요가 점차로 증가하고 있다. 따라서 기체 소화약제들의 유지관리 및 안전한 사용을 위해서 기체의 특징에 대한 이해가 필요하다. 기체 소화약제들을 저장하거나 화재현장에 사용할 때 외부 환경조건인 온도와 압력의 변화에 따른 특성을 이해하기 위해서 기체와 관련된 기본적인 법칙 및 그것을 활용한 계산에 대해서 학습해야 한다. 여기에서는 외부 환경조건의 대표적인 요인인 온도(T), 압력(P), 그리고 부피(V)가 기체의 기본적인 물성에 미치는 영향에 대해서 알아보기로 하자.

기체의 경우 분자간의 간격이 크기 때문에 외부 환경 변화에 따른 영향이 비교적 크게 나타난다. 즉, 기체의 경우 온도가 증가함에 따라 부피가 변화하고, 이러한 부피의 변화에 의해 압력도 변화 하는 등 외부 환경 변화가 다른 조건들의 변화를 가져온다.

(1) 보일의 법칙

일정한 부피를 가진 기체에 외부에서 힘이 가해지면 부피가 변화한다. 이런 특징을 압축성이라 한다. 기체의 경우 온도(T)가 일정할 때 외부에서의 압력(P)이 증가하면, 그 영향으로 압축이 되어 부피(V)가 감소하는 현상이 발생한다. 반대로 압력이 감소하면 기체 자체의 부피는 팽창하게 된다. 이러한 현상은 기체가 가지는 압축성에 의해 발생하는 것이다. 기체의 압력은 부피와 반비례 하는 관계를 갖는다고 할 수 있는데, 이것을 보일의 법칙이라고 한다.

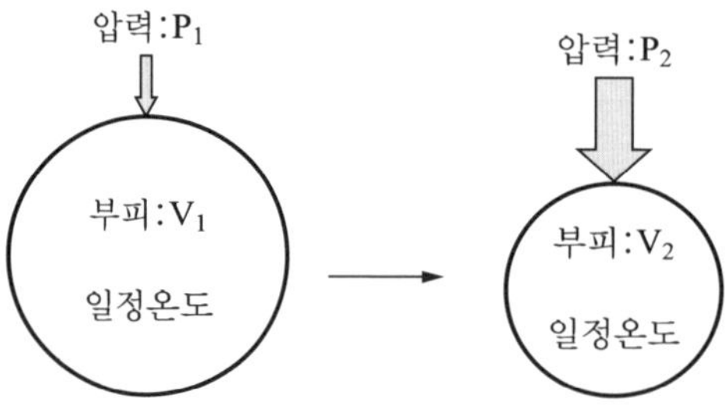

그림 7-1 압력에 의한 기체의 부피 변화(P_2 > P_1)

그림 7-1에서 보는 바와 같이 온도가 일정하게 유지되는 등온상태에서 압력이 P_1이고 부피가 V_1인 기체에 압력의 변화가 발생하여 압력이 P_1에서 P_2로 변화하는 경우 부피의 변화를 생각해 보자. 압력이 P_1에서 P_2로 증가하게 되면 부피는 압축이 되어 감소하게 된다. 반대로 압력이 P_1에서 P_2로 감소하게 되면 부피는 팽창되어 증가하게 된다. 이처럼 일정한 온도조건에서 부피는 압력에 영향을 받게 된다.

이 변화를 식으로 나타내면 $P_1V_1 = P_2V_2$가 된다.

개념정리	보일의 법칙
	• 온도(T)가 일정할 때 압력이 P_1이고 부피가 V_1인 조건에서 변화가 발생하여 압력이 P_2이고 부피가 V_2인 조건으로 변화 하였을 경우 $P_1V_1 = P_2V_2$가 된다. • 압력(P)이 증가하면 압축(compression)이 발생하여 부피가 감소하고, 압력이 감소하면 팽창(expansion)이 발생하여 부피가 증가한다.

예제 7-1 외부의 온도가 20℃로 일정하게 유지되는 조건에서 기체의 압력이 2.3기압에서 3.5기압으로 증가하였다면, 기체의 부피는 어떻게 변화하는가?

solution 온도가 일정하게 유지되는 조건에서 기체의 부피는 압력에 반비례하는 경향을 가진다. 온도가 20℃로 일정하게 유지될 때 압력이 증가하면 압축이 되어 부피는 감소하게 된다. 이때 부피가 얼마나 감소하는지를 살펴보면 다음과 같다.

보일의 법칙에 의하면 기체의 압력과 부피의 관계는 $P_1V_1 = P_2V_2$로 표시된다.

초기 압력(P_1)이 2.3기압일 때 부피를 V_1이라고 하면, 압력이 3.5기압으로 증가하게 되면 부피는 V_2로 변화한다.

$P_1V_1 = P_2V_2$에서 $V_2 = \dfrac{P_1}{P_2} \times V_1$가 되어 나중 부피는

$V_2 = \dfrac{P_1}{P_2} \times V_1 = \dfrac{2.3\ \text{atm}}{3.5\ \text{atm}} \times V_1 = 0.657\ V_1$이 된다.

(2) 샤의 법칙

샤의 법칙은 압력(P)이 일정하거나 부피(V)가 일정하게 유지되는 조건에서 외부의 온도 변화가 기체의 부피와 압력의 변화에 미치는 영향에 대하여 나타낸 것이다.

샤의 법칙에 의하면 압력이 일정하게 유지되는 상태에서 기체의 온도가 증가하면 기체 분자의 운동 에너지가 증가하여 부피(V)도 같이 증가하게 된다.

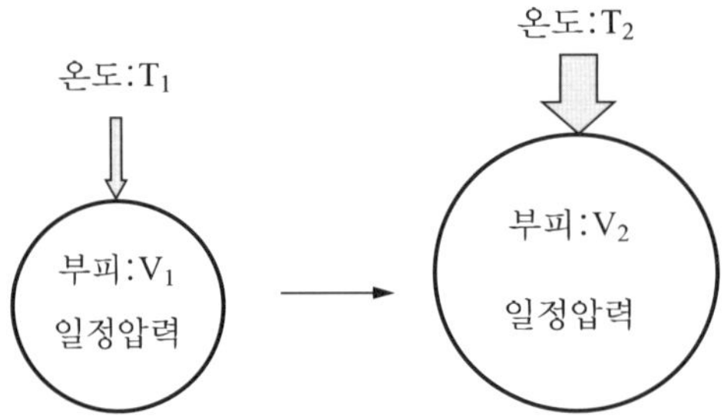

그림 7-2 온도변화에 따른 부피의 변화(압력은 일정)

이것을 식으로 나타내면 $\frac{V_1}{T_1} = \frac{V_2}{T_2}$이 된다. 이때 사용되는 온도는 상대온도가 아닌 절대 온도를 사용해야 한다.

또한 그림 7-3에서 보는 바와 같이 부피(V)가 일정한 조건에서 처음 상태의 압력이 P_1이고 온도가 T_1인 조건에서 변화가 발생하여 압력이 P_2이고 온도가 T_2인 조건으로 변화 하였을 경우 온도가 증가하면 일정한 공간에서 분자의 운동이 증가하므로 이때 압력도 증가하는 경향을 나타나게 된다.

이 변화를 식으로 나타내면 $\frac{P_1}{T_1} = \frac{P_2}{T_2}$이 된다.

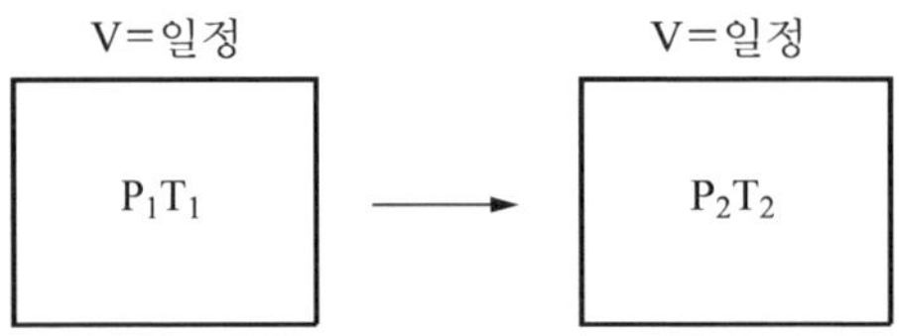

그림 7-3 온도변화에 따른 압력의 변화(부피는 일정)

개념정리	샬의 법칙
	① 부피가 일정할 때 압력이 P_1이고 온도가 T_1인 조건에서 변화가 발생하여 압력이 P_2이고 온도가 T_2인 조건으로 변화 하였을 경우 $\frac{P_1}{T_1} = \frac{P_2}{T_2}$($T$는 절대온도)가 된다. ② 압력이 일정할 때 부피가 V_1이고 온도가 T_1인 조건에서 변화가 발생하여 부피가 V_2이고 온도가 T_2인 조건으로 변화 하였을 경우 $\frac{V_1}{T_1} = \frac{V_2}{T_2}$가 된다.

일반적으로 화재 현장에서는 초기온도에 비하여 화재 최성기에서의 온도는 급격히 증가하여 1200℃ 이상이 되는 경우도 있다. 이러한 경우 온도의 증가에 의한 부피의 급격한 증가로 인하여 밀폐된 공간에서 화재가 발생하면 폭발의 원인이 되기도 한다.

예제 7-2 25℃인 밀폐된 공간에서 화재가 발생하여 온도가 900℃로 증가하였다. 화재 발생으로 인해 공간의 압력변화는 발생하지 않았다면 공간에서 팽창된 부피는 초기 부피의 몇 배가 되는가?

solution 일정한 압력조건에서 기체의 부피는 절대온도에 비례하는 경향을 가진다.
즉, 샬의 법칙에 의하면 압력이 일정할 때 기체의 부피는 절대온도에 비례하여 변화한다고 할 수 있다. $\frac{V_1}{T_1}=\frac{V_2}{T_2}$로 표시되며 이때 온도는 상대온도인 ℃가 아닌 절대온도인 K(K = ℃ + 273)를 사용하여야 한다.
온도가 25℃일 때 절대온도는 K = ℃ + 273에서 K = 25℃ + 273 = 298K이 되며 온도가 900℃일 때 절대온도는 K = 900℃ + 273 = 1173 K이 된다. 그러므로 화재에 의해서 공간의 온도가 25℃에서 900℃로 변화하면

$$\frac{V_1}{298\text{ K}}=\frac{V_2}{1173\text{ K}}\text{에서 } V_2=V_1\times\frac{1173\text{ K}}{298\text{ K}}=3.94\,V_1\text{이 된다.}$$

즉 화재에 의하여 밀폐된 공간내의 공기의 부피가 3.94배 만큼 증가하였다. 즉 이처럼 화재가 발생하는 경우 온도가 증가하면 공간의 부피가 증가하여 밀폐된 공간에서는 폭발의 원인이 되기도 한다.

예제 7-3 부피가 일정한 기체 소화약제가 들어 있는 소화기를 외부에 노출시켜서 보관하고 있다. 한낮의 온도가 33℃까지 증가한다면 소화기 내부압력은 표준상태(0℃, 1기압)에 비해서 얼마나 변화 하겠는가?

solution 부피가 일정한 조건에서 기체의 압력은 온도(절대온도)에 비례하는 경향을 가진다.
즉, $\frac{P_1}{T_1}=\frac{P_2}{T_2}$로 표시되며 이때 온도는 상대온도인 ℃ 대신에 절대온도인 K (K = ℃ + 273)를 사용하여야 한다.
온도가 0℃일 때 절대온도는 K = ℃ + 273에서 K = 0℃ + 273 = 273 K이고, 온도가 33℃일 때 절대온도는 K = 33℃ + 273 = 306 K이 된다.
그러므로 온도가 0℃에서 33℃로 변화하면 압력은

$$\frac{P_1}{T_1}=\frac{P_2}{T_2}\text{에서 }\frac{P_1}{273\text{ K}}=\frac{P_2}{303\text{ K}}\text{가 되어 }P_2=P_1\times\frac{303\text{ K}}{273\text{ K}}=1.11P_1\text{이 된다.}$$

(3) 아보가드로의 법칙

아보가드로의 법칙은 모든 기체는 표준상태(0℃, 1기압)에서 기체 1 mol이 22.4 ℓ의 부피를 가진다는 것으로, 온도와 압력을 알 수 있을 때 일정 공간 내에 있는 기체의 양을 계산할 때 많이 사용된다. 아보가드로의 법칙에 언급된 조건들을 기호로 표시하면 바로 기체상수 R이 된다.

개념정리	아보가드로의 법칙
	모든 기체는 표준상태(0℃, 1 기압)에서 기체 1 mol이 22.4 ℓ의 부피를 가진다.

(4) 이상기체 상태 방정식

이상기체라 함은 질량은 있으나 기체분자 자체의 부피는 없고 분자 상호간의 인력도 없는 기체를 말한다. 실제로 존재하는 기체에서는 온도, 압력의 모든 범위에서 이상기체에 준하는 법칙을 모두 따르는 기체는 존재하지 않으며, 일부 가벼운 기체(수소, 산소, 질소 등)는 그 벗어남이 무시될 수 있을 정도로 이상기체의 법칙에서 상당히 가깝다. 저압, 고온의 증기도 이상기체와 비슷하게 거동한다. 보일-샬의 법칙에서 이상기체 상태방정식을 유도해 낼 수 있다.

개념정리	이상기체
	① 이상기체(ideal gas)라 함은 질량은 있으나 기체분자 자체의 부피는 없고 분자 상호간의 인력도 없는 기체를 말한다. ② 분자 간의 상호 작용이 전혀 없고, 그 상태를 나타내는 온도(T), 압력(P), 부피(V) 사이에 보일-샬의 법칙이 완전하게 적용될 수 있다고 가정된 가상의 기체

기체는 외부적인 환경 변화에 따라서 기본적인 물성치가 변화한다. 따라서 기체의 물성치를 계산할 때는 외부적인 환경[T(온도), P(압력), V(부피) 등]의 변화에 대한 고려를 해야 한다.

기체의 조건 변화에 따른 온도를 계산하는 방법을 예로 들면 다음과 같이 다양하게 살펴볼 수 있다.

① 부피가 일정하게 유지되는 정용(constant volume)상태

$\frac{P_1}{T_1}=\frac{P_2}{T_2}$ 의 관계를 만족하여 $T_2=\frac{P_2}{P_1}\times T_1$ 의 값을 나타낸다.

② 압력이 일정하게 유지되는 정압상태

$\frac{V_1}{T_1}=\frac{V_2}{T_2}$ 가 되어 $T_2=\frac{V_2}{V_1}\times T_1$ 으로 구할 수 있다.

③ 부피와 압력이 동시에 변화하는 경우

보일-샬의 관계로부터 $\frac{P_1 V_1}{T_1}=\frac{P_2 V_2}{T_2}$ 에서 변화 후의 온도 $T_2=\frac{P_2 V_2}{P_1 V_1}\times T_1$ 를 구할 수 있다.

④ 기체의 다른 물성치가 변화하는 경우

기체를 이상기체로 간주하여 이상기체 상태방정식 $PV=nRT$로부터 $T=\frac{PV}{nR}$ 의 형태로 온도를 결정한다.

개념정리	조건에 따른 기체의 온도 계산 방법	
	조건	기체 온도 계산 방법
	① 정용 상태의 경우	$T_2=\frac{P_2}{P_1}\times T_1$
	② 정압 상태의 경우	$T_2=\frac{V_2}{V_1}\times T_1$
	③ 압력과 부피가 변화하는 경우	$T_2=\frac{P_2 V_2}{P_1 V_1}\times T_1$
	④ 그 외의 경우	$T=\frac{PV}{nR}$

개념정리	이상기체 상태방정식
	$PV = nRT$ 여기서 P는 압력, V는 부피, T는 절대온도, n은 기체의 몰수, 그리고 R은 기체상수를 의미한다.

예제 7-4 압력이 1기압(atm)으로 일정한 기체 소화약제가 들어 있는 소화기를 외부에서 보관하고 있다. 온도가 35℃까지 증가한다면 소화기 내부에 들어 있는 소화약제 1.5 mol의 부피는 몇 ℓ가 되겠는가?

solution 모든 기체는 표준상태에서 기체 1 mol이 22.4 ℓ의 부피를 가지므로 35℃, 1.5 mol에서의 부피를 계산할 수 있다.

이상기체 상태 방정식 $PV = nRT$에서 $R = \dfrac{PV}{nT}$이므로, 표준상태조건에서 기체상수는 $R = \dfrac{1\ \text{atm} \cdot 22.4\ \ell}{1\ \text{mol} \cdot 273\ \text{K}} = \dfrac{0.082\ \text{atm} \cdot \ell}{\text{mol} \cdot \text{K}}$이 된다.

주어진 조건으로부터 부피를 계산하면 다음과 같다.

$PV = nRT$에서 $V = \dfrac{nRT}{P}$가 된다.

그러므로 주어진 조건 P = 1 atm, n = 1.5 mol, T = 35 + 273 = 308 K이므로 부피를 계산하면

$$V = \frac{nTR}{P} = \frac{1.5\ \text{mol} \times 308\ \text{K}}{1\ \text{atm}} \times \boxed{\frac{1\ \text{atm} \times 22.4\ \ell}{273\ \text{K} \times 1\ \text{mol}}} = 37.9\ \ell$$

예제 7-5 부피가 10 ℓ인 기체 소화약제 2 mol이 들어 있는 소화기를 외부에서 보관하고 있다. 온도가 35℃까지 증가한다면 소화기 내부압력은 몇 atm이 되는가?

solution 아보가드로의 법칙에 의하면 모든 기체는 표준상태에서 기체 1 mol이 22.4 ℓ의 부피를 가지므로 35℃에서 2 mol의 압력을 계산할 수 있다.

주어진 조건으로부터 압력을 계산하면 다음과 같다.

$PV = nRT$에서 $P = \dfrac{nTR}{V}$가 된다. 기체상수 $R = \boxed{\dfrac{1\ \text{atm} \times 22.4\ \ell}{273\ \text{K} \times 1\ \text{mol}}}$이므로

주어진 조건 V = 10 ℓ, n = 2 mol, T = 35 + 273 = 308 K에서 압력을 계산하면 다음과 같다.

$$P = \frac{nTR}{V} = \frac{2\ \text{mol} \times 308\ \text{K}}{10\ \ell} \times \boxed{\frac{1\ \text{atm} \times 22.4\ \ell}{273\ \text{K} \times 1\ \text{mol}}} = 5.05\ \text{atm}$$

7–2 기체상수

앞에서 이상기체 상태 방정식 $PV = nRT$에서 기체상수 R은 아보가드로의 법칙을 표현한 것으로 표준상태(0℃, 1기압)에서 기체 1 mol의 부피를 표시하는 것으로 단위에 따라서 그 결과에 차이를 보인다고 하였다.

여기에서 압력과 온도, 그리고 부피의 단위 체계에 따른 기체상수 R에 대해서 구체적으로 살펴보기로 하자.

소방에서는 MKS 단위체계를 사용하고 온도는 ℃를 사용하므로 기체상수 R의 경우에도 온도는 ℃를 사용하여 유도된 절대온도인 K을 사용하여 살펴보기로 하자.

(1) 압력을 높이로 부피를 ℓ로 표시하는 경우 기체상수 값

① 압력(P)이 mmHg이고 부피(V)가 ℓ인 경우

표준상태의 값이 $P = 760$ mmHg 이고 $V = 22.4$ ℓ 그리고 $T = 273$ K이므로

$$R = \frac{PV}{nT} = \frac{760\ \mathrm{mmHg}}{273\ \mathrm{K}} \times \frac{22.4\ \ell}{\mathrm{mol}} = \frac{62.36\ \mathrm{mmHg} \times \ell}{\mathrm{mol} \times \mathrm{K}}$$

개념정리	기체상수 R의 의미
	• $PV = nRT$에서 기체상수는 R로 이 값은 아보가드로의 법칙을 표현한 것으로 표준상태(0℃, 1기압)에서 기체 1 mol의 부피를 표시하는 것이다. • 아보가드로의 법칙에 의하면 표준상태인 0℃(=273 K), 1 atm(=760 mmHg)에서 기체 1 mol은 22.4 ℓ의 부피를 차지하므로 가장 널리 사용되는 기체상수 R은 다음과 같다. • $PV = nRT$에서 $R = \frac{PV}{nT}$이므로 $R = \frac{PV}{nT} = \frac{1\ \mathrm{atm}}{273\ \mathrm{K}} \times \frac{22.4\ \ell}{\mathrm{mol}} = \frac{0.082\ \mathrm{atm} \cdot \ell}{\mathrm{mol} \cdot \mathrm{K}}$이다.

② 압력(P)이 mmH_2O이고 부피(V)가 ℓ인 경우

표준상태의 값이 $P = 10{,}336\ mmH_2O$이고 $V = 22.4$ ℓ 그리고 $T = 273$ K이므로

$$R = \frac{PV}{nT} = \frac{10336\ \mathrm{mmH_2O}}{273\ \mathrm{K}} \times \frac{22.4\ \ell}{\mathrm{mol}} = \frac{848.082\ \mathrm{mmH_2O} \times \ell}{\mathrm{mol} \times \mathrm{K}}$$

(2) 압력을 높이로 부피를 m^3로 표시하는 경우 기체상수 값

① 압력(P)이 mmHg이고 부피(V)가 m^3인 경우

표준상태의 값이 $P = 760$ mmHg이고 $V = 22.4\ m^3$ 그리고 $T = 273$ K이므로

$$R = \frac{PV}{nT} = \frac{760\ \mathrm{mmHg}}{273\ \mathrm{K}} \times \frac{22.4\ \mathrm{m^3}}{\mathrm{kmol}} = \frac{62.36\ \mathrm{mmHg} \times \mathrm{m^3}}{\mathrm{kmol} \times \mathrm{K}}$$

② 압력(P)이 mmH_2O이고 부피(V)가 m^3인 경우

표준상태의 값이 $P = 10336\ mmH_2O$이고 $V = 22.4\ m^3$ 그리고 $T = 273$ K이므로

$$R = \frac{PV}{nT} = \frac{10336\ \mathrm{mmH_2O}}{273\ \mathrm{K}} \times \frac{22.4\ \mathrm{m^3}}{\mathrm{kmol}} = \frac{848.082\ \mathrm{mmH_2O} \times \mathrm{m^3}}{\mathrm{kmol} \times \mathrm{K}}$$

개념정리

압력을 높이로 나타낼 때 기체상수 R (온도 K, 몰수 mol)

P \ V	ℓ	m^3
mmHg	$\frac{62.36\ \mathrm{mmHg} \times \ell}{\mathrm{mol} \times \mathrm{K}}$	$\frac{62.36\ \mathrm{mmHg} \times \mathrm{m^3}}{\mathrm{kmol} \times \mathrm{K}}$
mmH_2O	$\frac{848.082\ \mathrm{mmH_2O} \times \ell}{\mathrm{mol} \times \mathrm{K}}$	$\frac{848.082\ \mathrm{mmH_2O} \times \mathrm{m^3}}{\mathrm{kmol} \times \mathrm{K}}$

(3) 압력을 힘의 값으로 부피를 ℓ로 표시하는 경우 기체상수 값

① 압력(P)이 kPa이고 부피(V)가 ℓ인 경우

표준상태의 값이 $P = 101.3$ kPa이고 $V = 22.4\ \ell$ 그리고 $T = 273$ K이므로

$$R = \frac{PV}{nT} = \frac{101.3\ \mathrm{kPa}}{273\ \mathrm{K}} \times \frac{22.4\ \ell}{\mathrm{mol}} = \frac{8.311\ \mathrm{kPa} \times \ell}{\mathrm{mol} \times \mathrm{K}}$$

② 압력(P)이 kg_f/cm^2이고 부피(V)가 ℓ인 경우

표준상태의 값이 $P = 1.0336\ kg_f/cm^2$이고 $V = 22.4\ \ell$ 그리고 $T = 273\ K$이므로

$$R = \frac{PV}{nT} = \frac{1.0336\ \mathrm{kg_f/cm^2}}{273\ \mathrm{K}} \times \frac{22.4\ \ell}{\mathrm{mol}} = \frac{0.0848\ \mathrm{kg_f/cm^2} \times \ell}{\mathrm{mol} \times \mathrm{K}}$$

③ 압력(P)이 N/m^2이고 부피(V)가 ℓ인 경우

표준상태의 값이 $P = 101.3 \times 10^3\ N/m^2$이고 $V = 22.4\ \ell$ 그리고 $T = 273\ K$이므로

$$R = \frac{PV}{nT} = \frac{101.3 \times 10^3\ \mathrm{N/m^2}}{273\ \mathrm{K}} \times \frac{22.4\ \ell}{\mathrm{mol}} = \frac{8.311 \times 10^3\ \mathrm{N/m^2} \times \ell}{\mathrm{mol} \times \mathrm{K}}$$

(4) 압력을 힘의 값으로 부피를 m^3으로 표시하는 경우 기체상수 값

① 압력(P)이 kPa이고 부피(V)가 m^3인 경우

표준상태의 값이 $P = 101.3\ kPa$이고 $V = 22.4\ m^3$ 그리고 $T = 273K$이므로

$$R = \frac{PV}{nT} = \frac{101.3\ \mathrm{kPa}}{273\ \mathrm{K}} \times \frac{22.4\ \mathrm{m^3}}{\mathrm{kmol}} = \frac{8.311\ \mathrm{kPa} \times \mathrm{m^3}}{\mathrm{kmol} \times \mathrm{K}}$$

② 압력(P)이 kg_f/cm^2이고 부피(V)가 m^3인 경우

표준상태의 값이 $P = 1.0336\ kg_f/cm^2$이고 $V = 22.4\ m^3$ 그리고 $T = 273\ K$이므로

$$R = \frac{PV}{nT} = \frac{1.0336\ \mathrm{kg_f/cm^2}}{273\ \mathrm{K}} \times \frac{22.4\ \mathrm{m^3}}{\mathrm{kmol}} = \frac{0.0848\ \mathrm{kg_f/cm^2} \times \mathrm{m^3}}{\mathrm{kmol} \times \mathrm{K}}$$

③ 압력(P)이 N/m^2이고 부피(V)가 m^3인 경우

표준상태의 값이 $P = 101.3 \times 10^3\ N/m^2$이고 $V = 22.4\ m^3$ 그리고 $T = 273\ K$이므로

$$R = \frac{PV}{nT} = \frac{101.3 \times 10^3\ \mathrm{N/m^2}}{273\ \mathrm{K}} \times \frac{22.4\ \mathrm{m^3}}{\mathrm{kmol}} = \frac{8.311 \times 10^3\ \mathrm{N/m^2} \times \mathrm{m^3}}{\mathrm{kmol} \times \mathrm{K}}$$

<table>
<tr><td rowspan="5">개념정리</td><td colspan="3">압력을 힘의 값으로 표시할 때 기체상수 R (온도 K, 몰수 kmol)</td></tr>
<tr><td>P \ V</td><td>ℓ</td><td>m^3</td></tr>
<tr><td>kPa</td><td>$\frac{8.311\ kPa \times \ell}{mol \times K}$</td><td>$\frac{8.311\ kPa \times m^3}{kmol \times K}$</td></tr>
<tr><td>kg_f/cm^2</td><td>$\frac{0.0848\ kg_f/cm^2 \times \ell}{mol \times K}$</td><td>$\frac{0.0848\ kg_f/cm^2 \times m^3}{kmol \times K}$</td></tr>
<tr><td>N/m^2</td><td>$\frac{8.311 \times 10^3\ N/m^2 \times \ell}{mol \times K}$</td><td>$\frac{8.311 \times 10^3\ N/m^2 \times m^3}{kmol \times K}$</td></tr>
</table>

(5) 기체상수가 에너지 단위로 표시되는 경우 기체상수 값

① 압력(P)이 N/m^2이고 부피(V)가 m^3인 경우

표준상태의 값이 $P = 101.3 \times 10^3\ N/m^2$이고 $V = 22.4\ m^3$ 그리고 $T = 273K$이므로

$$R = \frac{PV}{nT} = \frac{101.3 \times 10^3\ N/m^2}{273\ K} \times \frac{22.4\ m^3}{kmol} = \frac{8.311 \times 10^3\ N/m^2 \times m^3}{kmol \times K}$$ 에서

$$R = \frac{8.311 \times 10^3\ N/m^2 \times m^3}{kmol \times K} \times \boxed{\frac{1\ J}{N \times m}} = \frac{8.311\ kJ}{kmol \times K} = \frac{8.311\ J}{mol \times K}$$

개념정리	에너지 값으로 기체상수 R (온도 K, 몰수 kmol)
	$R = \frac{8.311\ kJ}{kmol \times K} = \frac{8.311\ J}{mol \times K}$

7-3 기체의 밀도 및 비중 계산

7-3-1 기체의 밀도

순수한 기체의 밀도는 온도와 압력에 따라서 변하므로, 액체와 달리 기체의 경우에는 밀도를 나타낼 때는 측정 조건을 명시하여야 한다. 기체의 밀도는 외부조건이

제시되지 않으면 표준상태조건에서의 값으로 계산하여야 한다. 외부의 압력변화에 의하여 부피가 변화하는 기체는 압축이 쉽게 되므로 **압축성 물질(compressive material)**이라 한다.

기체의 밀도는 외부조건인 온도와 압력에 의하여 쉽게 변화하므로, 주어진 조건에서 대상기체를 이상기체로 간주하고 기체상태 방정식으로부터 기체의 밀도를 구한다.

기체의 밀도를 구하는 방법에는 $\text{기체의 밀도} = \dfrac{\text{분자량}}{\text{몰부피}}$로 구하거나, 또는 이상기체 상태방정식으로부터 유도된 다음의 식으로 계산한다. 공학계산에서는 이상기체 상태방정식으로부터 얻어진 결과를 주로 사용한다. 따라서 이상기체 상태방정식으로부터 기체의 밀도를 계산하는 식을 유도하면 다음과 같다.

$$PV = nRT$$

여기서, P는 압력
V는 부피
T는 절대온도(K = 273 + ℃)
n은 몰(mol)수이다.

기체의 몰수는 기체의 질량(m) ÷ 분자량(M)이므로, 이 식을 다시 정리하면

$PV = \dfrac{mRT}{M}$이므로 이 식을 정리하면

$PVM = mRT$가 되어 각항을 V로 나누면 다음과 같다.

$PM = \dfrac{m}{V}RT$가 되며 $\dfrac{m}{V}$은 질량을 부피로 나눈 값으로 밀도이므로 다음과 같이 나타낸다.

$$PM = \rho RT$$

기체의 밀도는 다음과 같다.

$$\rho = \frac{PM}{RT} = \frac{\text{압력} \times \text{기체의 분자량}}{\text{기체상수} \times \text{절대온도}}$$

개념정리	기체의 밀도
	• 기체의 밀도 $= \dfrac{\text{분자량}}{\text{몰부피}}$ • $\rho = \dfrac{PM}{RT} = \dfrac{\text{압력} \times \text{기체의 분자량}}{\text{기체상수} \times \text{절대온도}}$

예제 7-6 0℃의 온도와 760 mmHg의 조건에서 He의 밀도는 몇 g/ℓ 인가?

solution He을 이상기체로 간주하여 이 문제를 해결하면, 기체의 밀도는

$\rho = \dfrac{PM}{RT} = \dfrac{\text{압력} \times \text{기체의 분자량}}{\text{기체상수} \times \text{절대온도}}$ 이므로 다음과 같이 구할 수 있다.

$$\rho = \frac{PM}{RT} = \frac{760\ \text{mmHg}}{(273+0)\ \text{K}} \times \frac{4\ \text{g}}{\text{mol}} \times \boxed{\frac{273\ \text{K}}{760\ \text{mmHg}} \times \frac{\text{mol}}{22.4\ \ell}} = \frac{0.179\ \text{g}}{\ell}$$

개념정리	표준상태에서 기체의 밀도
	• 표준상태에서 기체의 밀도 $= \dfrac{\text{기체의 분자량}\left(\dfrac{\text{g}}{\text{mol}}\right)}{\dfrac{22.4\ \ell}{\text{mol}}} = \dfrac{\text{g}}{\ell}$

예제 7-7 200℃의 온도와 800 mmHg의 압력조건에서 평균분자량이 29 g/mol인 공기의 밀도는 몇 g/cm^{3}인가?

solution 공기를 이상기체로 간주하여 이 문제를 해결하면, 기체의 밀도는

$\rho = \dfrac{PM}{RT} = \dfrac{\text{압력} \times \text{기체의 분자량}}{\text{기체상수} \times \text{절대온도}}$ 이므로 다음과 같이 구할 수 있다.

$$\rho = \frac{PM}{RT} = \frac{800\ \text{mmHg}}{(273+200)\ \text{K}} \times \frac{29\ \text{g}}{\text{mol}} \times \boxed{\frac{273\ \text{K}}{760\ \text{mmHg}} \times \frac{\text{mol}}{22400\ \text{cm}^3}} = \frac{7.86 \times 10^{-4}\ \text{g}}{\text{cm}^3}$$

예제 7-8 목조 건축물에서 화재가 발생했을 때 최성기에서 온도가 1300℃까지 상승한다. 목조 건축물 내부의 압력은 대기압과 같고, 밀폐된 목재건축물의 공간이 20 m^{3}이라면 화재 최성기 조건에서 건축물 내부에 있던 공기의 밀도는 몇 kg/m^{3}이 되는가? (단, 공기의 평균분자량은 29 kg/kmol로 한다.)

solution 공기를 이상기체로 간주하여 이 문제를 해결하면, 공기의 밀도를 계산할 수 있다. 공기의 분자량은 공기가 혼합물이므로 평균 분자량을 활용한다. 공기의 평균분자량이 29 kg/kmol이라고 하였으므로 이 자료를 활용하여 계산한다.

$\rho = \dfrac{PM}{RT} = \dfrac{\text{압력} \times \text{기체의 분자량}}{\text{기체상수} \times \text{절대온도}}$ 이므로 다음과 같이 구할 수 있다.

$$\rho = \frac{PM}{RT} = \frac{1\ \text{atm}}{(273+1300)\ \text{K}} \times \frac{29\ \text{kg}}{\text{kmol}} \times \boxed{\frac{273\ \text{K}}{1\ \text{atm}} \times \frac{\text{kmol}}{22.4\ \text{m}^3}} = \frac{0.225\ \text{kg}}{\text{m}^3}$$

예제 7-9 1기압 조건에서 평균 분자량이 29 g/mol인 공기 1리터(ℓ)의 질량이 1 g이 되는 온도는 몇 ℃인가?

solution 공기를 이상기체로 간주하여 이 문제를 해결하면,

$PV = \dfrac{m}{M}RT$에서 $T = \dfrac{PVM}{Rm}$이 되어 공기의 온도를 계산할 수 있다.

주어진 조건에서 P = 1기압, 부피(V) = 1리터, 질량(m) = 1 g이므로

$T = \dfrac{PVM}{Rm}$에서 온도를 계산하면

$$T = \frac{PVM}{Rm} = \frac{1\ \text{atm} \times 1\ \ell \times \dfrac{29\ \text{g}}{\text{mol}}}{1\ \text{g} \times \boxed{\dfrac{1\ \text{atm}}{273\ \text{K}} \times \dfrac{22.4\ \ell}{1\ \text{mol}}}} = 353.4\ \text{K}$$

353.4 K를 ℃로 환산하면 ℃ = 353.4 − 273 = 80.4℃가 된다.

7-3-2 기체의 비중

표준물질(A)의 밀도에 대한 기준물질(ref)의 밀도의 비를 비중(specific gravity, sp.gr)이라 한다. 따라서 기체의 비중도 기준물질인 공기의 밀도를 기준으로 하여 계산한다. 기체의 밀도는 기체 상태 방정식으로부터 계산된 결과를 활용하면 된다.

$$\text{기체의 비중} = \frac{(\text{kg/m}^3)_A}{(\text{kg/m}^3)_{\text{공기}}} = \frac{(\text{g/cm}^3)_A}{(\text{g/cm}^3)_{\text{공기}}}$$

비중은 단위를 갖지 않는 무차원[−] 수이며, 어느 단위계를 사용해도 같은 값이 된다. 기체의 경우에는 온도가 변화하면 분자의 운동 에너지가 증가하여 부피가 증가하게 된다. 따라서 기체의 부피는 온도와 압력에 따라서 변화하게 된다. 이러한 경

우 기체의 비중을 나타낼 때는 기준물질인 공기나 수소의 온도, 압력 조건에서 밀도값을 계산하고 대상물질의 밀도값을 계산하여 비중을 계산하여야 한다.

예제 7-10 표준상태에서 이산화탄소(CO_2)의 비중을 계산하여라.

solution 이산화탄소를 이상기체로 간주하여 이 문제를 해결하면, 기체의 밀도는 $\rho = \frac{PM}{RT}$ 이므로 주어진 조건에서 기준기체인 공기의 밀도와 대상물질인 이산화탄소의 밀도를 각각 구해야 비중을 구할 수 있다.

먼저 표준상태인 760 mmHg, 0℃의 기준물질인 공기의 밀도는

$$\rho_{Air} = \frac{PM}{RT} = \frac{760\ \mathrm{mmHg}}{(273+0)\ \mathrm{K}} \times \frac{29\ \mathrm{kg}}{\mathrm{kmol}} \times \boxed{\frac{273\ \mathrm{K}}{760\ \mathrm{mmHg}} \times \frac{\mathrm{kmol}}{22.4\ \mathrm{m}^3}} = \frac{1.295\ \mathrm{kg}}{\mathrm{m}^3}$$

표준상태(760 mmHg, 0℃)의 이산화탄소의 밀도

$$\rho_{CO_2} = \frac{PM}{RT} = \frac{760\ \mathrm{mmHg}}{(273+0)\ \mathrm{K}} \times \frac{44\ \mathrm{kg}}{\mathrm{kmol}} \times \boxed{\frac{273\ \mathrm{K}}{760\ \mathrm{mmHg}} \times \frac{\mathrm{kmol}}{22.4\ \mathrm{m}^3}} = \frac{1.964\ \mathrm{kg}}{\mathrm{m}^3}$$

표준상태(0℃, 1 atm)의 공기와 이산화탄소의 밀도값으로부터 비중(sp.gr.)을 구하면 아래와 같다.

$$sp.gr. = \frac{(\mathrm{kg/m^3})_{CO_2}}{(\mathrm{kg/m^3})_{Air}} = \frac{1.964\ \mathrm{kg/m^3}}{1.295\ \mathrm{kg/m^3}} = 1.517$$

이 값은 이산화탄소의 분자량(44 g/mol)과 공기의 분자량(29 g/mol)의 비

$\frac{44}{29} = 1.517$ 와 같다.

개념정리	표준상태에서 기체의 비중
	표준상태에서 기체의 비중 $= \dfrac{\text{기체의 분자량}\left(\dfrac{\mathrm{g}}{\mathrm{mol}}\right)}{\text{공기의 평균분자량}\left(\dfrac{29\ \mathrm{g}}{\mathrm{mol}}\right)}$

기체의 비중을 나타낼 때 기준기체(수소 또는 공기)와 비중을 측정하고자 하는 대상기체의 온도와 압력이 같은 조건이라면 두 기체의 분자량의 비가 바로 기체의 비중을 의미한다. 즉, 일정한 압력과 온도조건에서 기체의 분자량만큼의 질량이 차지하는 부피는 서로 같으므로(0℃, 1 atm에서 22.4 ℓ) 이를 다음과 같이 나타낼 수 있다.

$$기체의\ 비중 = \frac{기체\ 밀도}{공기\ 밀도} = \frac{기체의\ 분자량/22.4}{공기의\ 분자량/22.4} = \frac{기체의\ 분자량}{공기의\ 분자량}$$이 된다.

표준상태에서 공기의 평균 분자량이 29 g/mol로 기체 분자량과 비교해서 비중을 구한다. 이러한 사실에 따르면 기체의 분자량이 클수록 비중은 큰 값을 지닌다는 사실을 알 수 있다. 이는 기체의 운동 방향을 예측하는 중요한 자료로 활용된다. 예를 들면 분자량이 44 g/mol인 CO_2는 공기보다 분자량이 크므로 지표면에 위치하게 되고 분자량이 17 g/mol인 NH_3는 공기보다 분자량이 작으므로 대기 중으로 이동하는 성질을 지닌다.

예제 7-11 실내 온도가 30℃이고, 압력이 755 mmHg일 때 실내에 있는 질소기체(N_2)의 비중을 다음 조건에서 계산하여라.

① 표준상태(760 mmHg, 0℃)의 공기를 기준으로 한 비중(공기의 평균분자량은 29 kg/kmol이라 한다.)

② 755 mmHg, 30℃의 공기를 기준으로 한 비중

solution 이상기체로 간주하여 이 문제를 해결하면, 기체의 밀도는 $\rho = \frac{PM}{RT}$이므로 주어진 조건에서 기준기체인 공기의 밀도와 대상물질인 질소의 밀도를 각각 계산해서 비중을 구할 수 있다.

먼저 755 mmHg, 30℃의 질소(N_2)의 밀도는

$$\rho_{N_2} = \frac{PM}{RT} = \frac{755\ \text{mmHg}}{(273+30)\ \text{K}} \times \frac{28\ \text{kg}}{\text{kmole}} \times \boxed{\frac{273\ \text{K}}{760\ \text{mmHg}} \times \frac{\text{kmole}}{22.4\ \text{m}^3}} = \frac{1.119\ \text{kg}}{\text{m}^3}$$

① 표준상태(760 mmHg, 0℃)의 공기를 기준으로 한 비중

표준상태(760 mmHg, 0℃)의 공기의 밀도는 공기의 평균분자량이 29 kg/kmol이므로 다음과 같이 구할 수 있다.

$$\rho_{air} = \frac{PM}{RT} = \frac{760\ \text{mmHg}}{(273+0)\ \text{K}} \times \frac{29\ \text{kg}}{\text{kmole}} \times \boxed{\frac{273\ \text{K}}{760\ \text{mmHg}} \times \frac{\text{kmole}}{22.4\ \text{m}^3}} = \frac{1.295\ \text{kg}}{\text{m}^3}$$

계산된 표준상태의 공기의 밀도와 755 mmHg, 30℃에서 질소의 밀도값으로부터 비중(sp.gr.)을 구하면 아래와 같다.

$$sp.gr. = \frac{(\text{kg/m}^3)_{N_2}}{(\text{kg/m}^3)_{Air}} = \frac{1.119\ \text{kg/m}^3}{1.295\ \text{kg/m}^3} = 0.864$$

② 755 mmHg, 30℃의 공기를 기준으로 한 비중

755 mmHg, 30℃의 공기의 밀도는 공기의 평균분자량이 29 g/mol이므로

$$\rho_{air} = \frac{PM}{RT} = \frac{755\ \text{mmHg}}{(273+30)\ \text{K}} \times \frac{29\ \text{kg}}{\text{kmol}} \times \boxed{\frac{273\ \text{K}}{760\ \text{mmHg}} \times \frac{\text{kmol}}{22.4\ \text{m}^3}} = \frac{1.159\ \text{kg}}{\text{m}^3}$$

따라서 비중은

$$sp.gr. = \frac{(\text{kg/m}^3)_{\text{N}_2}}{(\text{kg/m}^3)_{\text{Air}}} = \frac{1.119\ \text{kg/m}^3}{1.159\ \text{kg/m}^3} = 0.965$$

이 값은 질소분자의 분자량(28 g/mol)과 공기의 분자량(29 g/mol)의 비 $\frac{28}{29} = 0.965$ 와 같다.

보 충 문 제

문제 Ⅶ-1 온도가 일정하게 유지되는 고압가스 용기에 들어있는 기체가 100 kPa의 압력에서 부피가 11.2 m^3이었다. 이 용기에 외부에서 에너지가 가해져서 압력이 150 kPa까지 상승하게 되면 기체의 부피는 몇 m^3으로 변화하는가?

풀이 기체의 온도(T)가 일정하게 유지될 때 압력(P) 그리고 부피(V)의 변화에 대한 보일의 법칙 $P_1 \times V_1 = P_2 \times V_2$ 을 이용해서 계산할 수 있다.

주어진 조건에서 $P_1 = 100\ \mathrm{kPa}$, $V_1 = 11.2\ \mathrm{m}^3$인 상태에서 $P_2 = 150\ \mathrm{kPa}$로 변화할 때 V_2를 구하는 문제이다.

$P_1 \times V_1 = P_2 \times V_2$에서 $V_2 = \dfrac{V_1 P_1}{P_2}$ 이므로 V_2를 계산하면 다음과 같다.

$$V_2 = \frac{V_1 P_1}{P_2} = \frac{11.2\ \mathrm{m}^3 \times 100\ \mathrm{kPa}}{150\ \mathrm{kPa}} = 7.47\ \mathrm{m}^3$$

문제 Ⅶ-2 압력이 대기압으로 일정하게 유지되고 온도가 25℃인 용기에 들어 있는 기체의 부피가 11.2 m^3이었다. 이 용기에 외부에서 에너지가 가해져서 온도가 250℃까지 증가하였다면 용기 중에 있는 기체의 부피는 어떻게 변화 하는가?

풀이 기체의 압력(P)이 일정하게 유지될 때 온도(T) 그리고 부피(V)의 변화에 대하여 샬의 법칙 $\dfrac{V_1}{T_1} = \dfrac{V_2}{T_2}$ 으로부터, 주어진 조건에서 $T_1 = 25\ ℃$, $V_1 = 11.2\ \mathrm{m}^3$인 상태에서 $T_2 = 250\ ℃$로 변화할 때 V_2를 구하는 문제이다.

$\dfrac{V_1}{T_1} = \dfrac{V_2}{T_2}$ 에서 $V_2 = \dfrac{V_1 T_2}{T_1}$ 이므로 V_2를 계산하면 다음과 같다.

$$V_2 = \frac{V_1 T_2}{T_1} = \frac{11.2\ \mathrm{m}^3 \times (250+273)\mathrm{K}}{(25+273)\mathrm{K}} = 19.66\ \mathrm{m}^3$$

부피가 11.2 m^3에서 19.66 m^3로 증가하는 현상이 발생한다.

문제 Ⅶ-3 공기가 압력 1.05 MPa, 온도 25 ℃, 체적 0.1 m^3인 처음상태에서 온도가 변화하여 압력 0.5 MPa, 체적 0.05 m^3인 상태로 변화하였다면 이때 공기의 온도는 몇 K인가?

풀이 기체의 압력(P), 온도(T) 그리고 부피(V)에 관한 보일-샬의 법칙을 이용해서 해결할 수 있다.

$\frac{P_1 V_1}{T_1} = \frac{P_2 V_2}{T_2}$ 에서 T는 절대온도 이며 P는 압력, 그리고 V는 부피이다.

주어진 조건에서 $P_1 = 1.05$ MPa, $T_1 = 25$ ℃, $V_1 = 0.1$ m^{3}인 상태에서 $P_2 = 0.5$ MPa, $V_2 = 0.05$ m^{3}일 때 T_2를 구하는 문제이다.

$\frac{P_1 V_1}{T_1} = \frac{P_2 V_2}{T_2}$ 에서 $T_2 = \frac{P_2 V_2 T_1}{P_1 V_1}$ 이므로 T_2를 계산하면 다음과 같다.

$$T_2 = \frac{P_2 V_2 T_1}{P_1 V_1} = \frac{0.5 \text{ MPa} \times 0.05 \text{ m}^3 \times (25+273) \text{ K}}{1.05 \text{ MPa} \times 0.1 \text{ m}^3} = 70.95 \text{ K}$$

문제 VII-4 액화 산소 30 kg이 25℃의 온도에서 대기 중으로 방출될 경우 1 atm의 압력에서 부피는 몇 m^{3}이 되는가?

풀이 대기 중에 존재하는 기체의 부피는 이상기체 상태 방정식을 이용해서 계산한다.

$PV = \frac{m}{M}RT$에서 부피는 $V = \frac{m}{PM}RT$이므로 주어진 조건에서 $P = 1$ atm, 온도 $T = 25$℃ $= 25 + 273 = 298$ K, 산소의 질량(m)$=30$ kg이므로 이 값을 이용해서 부피를 계산하면 다음과 같다.

$$V = \frac{m}{PM}RT = \frac{30 \text{ kg} \times 298 \text{ K}}{1 \text{ atm} \times 32 \text{ kg/kmol}} \times \boxed{\frac{1 \text{ atm} \times 22.4 \text{ m}^3}{\text{kmol} \times 273 \text{ K}}} = 22.92 \text{ m}^3$$

문제 VII-5 온도가 25℃인 조건에서 산소기체 30 kg이 부피 4 m^{3}인 용기에 가득 차 있다. 이때 용기 중에 있는 산소에 가해진 압력은 몇 kPa인가?

풀이 기체 상태 방정식을 이용해서 계산하면 다음과 같다.

$PV = \frac{m}{M}RT$에서 압력은 $P = \frac{m}{VM}RT$가 된다.

주어진 조건에서 $V = 4$ m^3, $T = 25$℃ $= 25+273 = 298$ K, 산소의 질량(m) $=$ 30 kg이므로, 이 값을 이용해서 압력을 계산하면

$$P = \frac{m}{VM}RT = \frac{30 \text{ kg} \times 298 \text{ K}}{4 \text{ m}^3 \times 32 \text{ kg/kmole}} \times \boxed{\frac{101.3 \text{ kPa} \times 22.4 \text{ m}^3}{\text{kmole} \times 273 \text{ K}}} = 580.527 \text{ kPa}$$

문제 VII-6 부피가 4 m^{3}인 탱크에 산소가 10 kg이 들어 있다. 온도가 30℃라면 압력은 몇 kPa인가?

풀이 이상 기체 상태 방정식을 이용해서 압력을 계산하면 다음과 같다.

$PV = \frac{m}{M}RT$에서 압력은 $P = \frac{m}{VM}RT$가 된다.

주어진 조건에서 $V = 4\ \text{m}^3$, $T = 30℃ = 30 + 273 = 303\ \text{K}$, 질량($m$) = 10 kg이므로, 이 값으로부터 압력을 계산하면

$$P = \frac{m}{VM}RT = \frac{10\ \text{kg} \times 303\ \text{K}}{4\ \text{m}^3 \times 32\ \text{kg/kmol}} \times \boxed{\frac{101.3\ \text{kPa} \times 22.4\ \text{m}^3}{\text{kmol} \times 273\ \text{K}}} = 196.76\ \text{kPa}$$

문제 Ⅶ-7 온도 25 ℃, 압력 100 kPa인 공기의 밀도는 몇 kg/m³인가? 이때 공기의 평균 분자량은 29 kg/kmol이다.

풀이 기체는 밀도는 온도와 압력에 따라 변화하므로 기체 상태 방정식을 이용하여 구하여야 한다.

기체의 밀도 $\rho = \frac{PM}{RT}$이므로 주어진 조건에서 공기의 밀도는 다음과 같다.

$$\rho_{air} = \frac{PM_{air}}{RT} = \frac{100\ \text{kPa} \times \frac{29\ \text{kg}}{\text{kmol}}}{\boxed{\frac{101.3\ \text{kPa}}{273\ \text{K}} \times \frac{22.4\ \text{m}^3}{\text{kmole}}} \times (273+25)\ \text{K}} = \frac{1.17\ \text{kg}}{\text{m}^3}\text{이다.}$$

문제 Ⅶ-8 25 ℃, 102 kPa인 조건에서 이산화탄소(CO_2)의 밀도는 몇 kg/m³인가?

풀이 기체의 밀도는 온도와 압력에 따라 변화하므로 기체 상태 방정식을 이용하여 구하여야 한다.

기체의 밀도 $\rho = \frac{PM}{RT}$이므로 주어진 조건에서 이산화탄소의 밀도는 다음과 같다.

$$\rho_{CO_2} = \frac{PM_{CO_2}}{RT} = \frac{102\ \text{kPa} \times \frac{44\ \text{kg}}{\text{kmol}}}{\boxed{\frac{101.3\ \text{kPa}}{273\ \text{K}} \times \frac{22.4\ \text{m}^3}{\text{kmol}}} \times (273+25)\ \text{K}} = \frac{1.81\ \text{kg}}{\text{m}^3}\text{이다.}$$

문제 Ⅶ-9 화재가 발생했을 때 실내온도가 1000℃까지 상승하였다. 실내의 압력은 1.2기압을 유지하며, 공간이 15 m³이라면 실내에 있던 공기의 밀도는 몇 kg/m³인가? (단, 공기의 평균분자량은 29 kg/kmol으로 한다.)

풀이 기체의 밀도를 계산하기 위해서는 기체를 이상기체로 간주하면 해결할 수 있다. 주어진 조건으로부터 공기의 밀도를 계산하면 다음과 같다.

$$\rho=\frac{PM}{RT}=\frac{1.2\text{ atm}}{(273+1000)\text{ K}}\times\frac{29\text{ kg}}{\text{kmol}}\times\boxed{\frac{273\text{ K}}{1\text{ atm}}\times\frac{\text{kmol}}{22.4\text{ m}^3}}=\frac{0.333\text{ kg}}{\text{m}^3}$$

여기서 $\boxed{\frac{273\text{ K}}{1\text{ atm}}\times\frac{\text{kmol}}{22.4\text{ m}^3}}$ 은 $\frac{1}{R}$의 값이다.

문제 Ⅶ-10 표준상태에서 질소기체(N_2)의 비중을 계산하여라.

풀이 기체의 밀도와 비중을 계산하기 위해서는 기체를 이상기체로 간주하여 문제를 해결하면, 기체의 밀도는 $\rho=\frac{PM}{RT}$이므로 주어진 조건에서 기준기체인 공기의 밀도와 대상물질인 질소의 밀도를 각각 구해야 비중을 구할 수 있다.

먼저 표준상태인 760 mmHg, 0℃의 기준물질인 공기의 밀도는

$$\rho_{\text{Air}}=\frac{PM}{RT}=\frac{760\text{ mmHg}}{(273+0)\text{ K}}\times\frac{29\text{ kg}}{\text{kmol}}\times\boxed{\frac{273\text{ K}}{760\text{ mmHg}}\times\frac{\text{kmol}}{22.4\text{ m}^3}}=\frac{1.295\text{ kg}}{\text{m}^3}$$

여기서 $\boxed{\frac{273\text{ K}}{1\text{ atm}}\times\frac{\text{kmol}}{22.4\text{ m}^3}}$ 은 $\frac{1}{R}$의 값이다.

표준상태(760 mmHg, 0℃)의 질소의 밀도

$$\rho_{N_2}=\frac{PM}{RT}=\frac{760\text{ mmHg}}{(273+0)\text{ K}}\times\frac{28\text{ kg}}{\text{kmol}}\times\boxed{\frac{273\text{ K}}{760\text{ mmHg}}\times\frac{\text{kmol}}{22.4\text{ m}^3}}=\frac{1.25\text{ kg}}{\text{m}^3}$$

표준상태(0℃, 1 atm)의 공기와 질소의 밀도값으로부터 비중(sp.gr.)을 구하면 다음과 같다.

$$sp.gr.=\frac{(\text{kg/m}^3)_{N_2}}{(\text{kg/m}^3)_{\text{Air}}}=\frac{1.25\text{ kg/m}^3}{1.295\text{ kg/m}^3}=0.965$$

이 값은 질소의 분자량(28 kg/kmol)과 공기의 분자량(29 kg/kmol)의 비

$\frac{28}{29}=0.965$ 와 같다.

문제 Ⅶ-11 온도가 25℃이고, 압력이 760 mmHg일 때 이산화탄소(CO_2)의 비중을 다음 조건에서 구하시오.

① 표준상태(760 mmHg, 0℃)의 공기를 기준으로 한 비중(공기의 평균분자량은 29 kg/kmol이라 한다.)

② 760 mmHg, 25℃의 공기를 기준으로 한 비중

풀이 이상기체로 간주하여 이 문제를 해결하면, 기체의 밀도는 $\rho = \frac{PM}{RT}$ 이므로 주어진 조건에서 기준기체인 공기의 밀도와 대상물질인 이산화탄소의 밀도를 각각 계산해서 비중을 구할 수 있다.

먼저 760 mmHg, 25℃의 이산화탄소(CO_2)의 밀도는

$$\rho_{CO_2} = \frac{PM}{RT} = \frac{760\ \text{mmHg}}{(273+25)\ \text{K}} \times \frac{44\ \text{kg}}{\text{kmol}} \times \boxed{\frac{273\ \text{K}}{760\ \text{mmHg}} \times \frac{\text{kmol}}{22.4\ \text{m}^3}} = \frac{1.8\ \text{kg}}{\text{m}^3}$$

여기서 $\boxed{\frac{273\ \text{K}}{1\ \text{atm}} \times \frac{\text{kmol}}{22.4\ \text{m}^3}}$ 은 $\frac{1}{R}$ 의 값이다.

① 표준상태(760 mmHg, 0℃)의 공기를 기준으로 한 비중

표준상태(760 mmHg, 0℃)의 공기의 밀도는 공기의 평균분자량이 29 kg/kmol이므로 다음과 같이 구할 수 있다.

$$\rho_{\text{air}} = \frac{PM}{RT} = \frac{760\ \text{mmHg}}{(273+0)\ \text{K}} \times \frac{29\ \text{kg}}{\text{kmol}} \times \boxed{\frac{273\ \text{K}}{760\ \text{mmHg}} \times \frac{\text{kmol}}{22.4\ \text{m}^3}} = \frac{1.295\ \text{kg}}{\text{m}^3}$$

계산된 표준상태의 공기의 밀도와 760 mmHg, 25℃에서 이산화탄소의 밀도값으로부터 비중(sp.gr.)을 구하면 아래와 같다.

$$sp.gr. = \frac{(\text{kg/m}^3)_{CO_2}}{(\text{kg/m}^3)_{\text{Air}}} = \frac{1.8\ \text{kg/m}^3}{1.295\ \text{kg/m}^3} = 1.39$$

② 760 mmHg, 25℃의 공기를 기준으로 한 비중

760 mmHg, 25℃의 공기의 밀도는 공기의 평균분자량이 29 kg/kmol이므로

$$\rho_{\text{air}} = \frac{PM}{RT} = \frac{760\ \text{mmHg}}{(273+25)\ \text{K}} \times \frac{29\ \text{kg}}{\text{kmol}} \times \boxed{\frac{273\ \text{K}}{760\ \text{mmHg}} \times \frac{\text{kmol}}{22.4\ \text{m}^3}} = \frac{1.186\ \text{kg}}{\text{m}^3}$$

따라서 비중은

$$sp.gr. = \frac{(\text{kg/m}^3)_{CO_2}}{(\text{kg/m}^3)_{\text{Air}}} = \frac{1.8\ \text{kg/m}^3}{1.186\ \text{kg/m}^3} = 1.52$$

문제 Ⅶ-12 수소기체가 0.01 kg/s의 속도로 원통형 관속을 흐르고 있다. 원통형 관의 지름이 50 mm이고, 이때 수소의 압력과 온도는 25 ℃, 15000 N/m^2으로 측정되었다. 수소의 평균 유속은 몇 m/s인가?

풀이 질량 속도[kg/s]로부터 유속[m/s]을 구하기 위해서는 면적[m^2]과 밀도[kg/m^3] 값이 필요하다.

즉 $\frac{kg}{s} = \frac{kg}{s} \times \boxed{\frac{m^3}{kg}} \times \boxed{\frac{1}{m^2}} = \frac{m}{s}$ 이 된다.

기체의 밀도는 온도와 압력에 따라 변화 하므로 기체 상태 방정식을 이용하여 계산해야 한다. 기체의 밀도 $\rho = \frac{PM}{RT}$ 이므로 주어진 조건에서 수소의 밀도는 다음과 같다.

$$\rho_{H_2} = \frac{PM_{H_2}}{RT} = \frac{15000\ N/m^2 \times \frac{2\ kg}{kmol}}{(273+25)\ K \times \boxed{\frac{101.3\times10^3\ N/m^2}{273\ K} \times \frac{22.4\ m^3}{kmol}}} = \frac{0.012\ kg}{m^3} \text{ 이다.}$$

관의 직경 D에서 $A = \frac{\pi}{4}D^2$ 이므로

$A = \frac{\pi}{4}D^2 = \frac{\pi}{4}(0.05\ m)^2 = 0.00196\ m^2$이 된다. 질량 속도[kg/s]로부터 유속[m/s]을 구하기 위해서는 $\frac{kg}{s} = \frac{kg}{s} \times \boxed{\frac{m^3}{kg}} \times \boxed{\frac{1}{m^2}} = \frac{m}{s}$ 의 관계로부터

$$G = \rho UA \text{에서 } U = \frac{G}{\rho_{H_2} A} = \frac{0.01\ kg/s}{0.012\ kg/m^3 \times 0.00196\ m^2} = \frac{6.12\ m}{s}$$

문제 Ⅶ-13 공기가 게이지압력이 2.06×10^5 Pa인 상태로 직경 0.15 m인 파이프 속을 흐르고 있다. 이때 대기압이 1.03×10^5 Pa이고 공기의 유속이 4 m/s라고 한다면 공기의 온도가 37 ℃이고 기체상수가 287 J/kg · K라고 할 때 공기의 평균 질량 속도는 몇 kg/s인가?

풀이 질량 속도(G)와 면적(A), 유속(U)의 관계를 나타내는 연속 방정식을 이용하여 해결할 수 있다.

관의 직경 D에서 $A = \pi r^2 = \frac{\pi}{4}D^2$ 이므로

$A = \frac{\pi}{4}D^2 = \frac{\pi}{4}(0.15\ m)^2 = 0.0177\ m^2$이 된다.

질량 속도(G)와 유속(U)의 관계를 나타내는 연속방정식 $G = \rho UA$ 에서 밀도를 알면 질량 속도(G)의 계산이 가능하므로 공기의 밀도를 계산하면 공기와 같은 기체는 압축성 유체로 밀도는 온도와 압력에 따라 변화 하므로 기체 상태 방정식을 이용하여 계산하여야 한다.

공기의 밀도 $\rho = \frac{PM}{RT}$ 이므로 주어진 조건에서 공기의 밀도는 다음과 같다. 이때 압력이 게이지압력이 주어졌으므로 게이지압 + 대기압 = 절대압의 관계로부터

압력 $P = 2.06 \times 10^5\ \text{Pa} + 1.03 \times 10^5\ \text{Pa} = 3.09 \times 10^5\ \text{Pa}$

$$\rho_{\text{air}} = \frac{PM_{\text{air}}}{RT} = \frac{3.09 \times 10^5\ \text{Pa} \times \boxed{\dfrac{1\ \text{N/m}^2}{1\ \text{Pa}}}}{\dfrac{287\ \text{J}}{\text{kg·k}} \times \boxed{\dfrac{1\ \text{N·m}}{1\ \text{J}}} \times (273+37)\ \text{K}} = \frac{3.47\ \text{kg}}{\text{m}^3}$$ 이다.

따라서 $G = \rho UA$ 에서

$$G = \rho UA = \frac{3.47\ \text{kg}}{\text{m}^3} \times \frac{4\ \text{m}}{\text{s}} \times 0.0177\ \text{m}^2 = \frac{0.245\ \text{kg}}{\text{s}}$$

Memo

Chapter 8

혼합과 분리

화재는 빛과 열을 내는 산화반응으로 가연물이 산소와 접해야만 진행된다. 따라서 소화 작용에 사용되는 소화약제의 작용 역시 산소의 양을 조절하는 능력을 가지게 된다. 현실적으로 공기 중에 산소의 농도를 조절하는 것이 쉽지 않으므로 약제를 사용하여 화재가 일어나는 공간에 있는 공기 중의 산소의 농도를 감소시켜 연료의 산화 반응을 차단하는 것이 소화 약제의 주된 효과라고 할 수 있다. 포 소화 약제를 사용하는 경우 포 원액과 증류수를 혼합하여 일정 농도를 유지하도록 설계하기 위해서는 혼합에 따른 농도의 계산이 필요하다. 또한 이산화탄소(CO_2) 소화설비를 설계할 때 화재 현장에 있는 공기 중의 산소(O_2)의 농도를 낮추어서 질식소화 효과를 유지할 수 있도록 하기 위한 설계를 하는 경우에도 물질의 혼합과 분리 현상에 대한 이해가 필요하다. 따라서 여기서는 물질의 혼합 또는 분리 공정에서 물질의 양적인 변화와 이때 발생하는 농도의 변화를 계산하는 방법에 대해서 간단히 살펴보기로 하자.

8-1 혼합 공정

혼합이라는 것은 두 개의 물질이 서로 섞여서 본래의 성질을 유지하는 것으로 두 개의 물질이 만나서 새로운 물질로 만들어지는 화학결합과는 다른 의미이다.

그림 8-1과 같이 양을 알 수 없는 8%의 소금물에 양을 알 수 없는 5%의 소금물을 첨가해서 7%의 소금물 600 g을 만드는 방법에 대해서 살펴보자.

그림 8-1 서로 다른 농도를 가진 소금물의 혼합

서로 다른 농도를 가진 소금물 2개를 혼합하는 과정에서 소금의 양과 물의 양은 변함이 없이 일정하게 유지된다. 즉, 혼합공정에서 질량은 변하지 않고 농도만 변화하는 질량보전의 관계가 성립한다.

개념정리	혼합공정에서 물질량
	• 혼합공정에서 질량은 변하지 않고 농도만 변화하는 질량보전의 관계가 성립한다. • 혼합에 사용된 원료의 질량 = 혼합된 제품의 질량

8%의 소금물 x[g]에 5%의 소금물 y[g]을 첨가해서 7%의 소금물 600 g을 만드는 방법을 좀 더 구체적으로 살펴보면 다음과 같다.

① 소금물의 전체양은 x[g]에 y[g]이 합해져서 그 양이 600 g으로 되었다.

② 소금물 중의 소금의 양을 살펴보면 다음과 같다.

㉠ 8%의 소금물 x[g] 중에 있는 소금의 양은 $x \times \dfrac{8}{100} = x \times 0.08$

㉡ 5%의 소금물 y[g] 중에 있는 소금의 양은 $y \times \dfrac{5}{100} = y \times 0.05$

㉢ 7%의 소금물 600 g 중에 있는 소금의 양은

$$600 \times \frac{7}{100} = 600 \times 0.07 = 42$$

즉 소금의 양은 $x \times 0.08 + y \times 0.05 = 42$ 이 된다.

그러므로 계산은

소금의 양 $x \times 0.08 + y \times 0.05 = 42$ 와

소금물의 양 $x + y = 600$ 의 두 개의 식으로부터 계산할 수 있게 된다.

이처럼 혼합공정에서 발생되는 현상에 대한 해결방법은 그 현상을 식으로 표현하고 그 과정을 연립 방정식의 형태로 해결하는 과정이다.

8-1-1 연립방정식의 기초

혼합공정에서 물질의 이동량을 해결하기 위해서는 연립방정식에 대한 이해가 매우 중요하다. 따라서 연립 방정식을 해결하는 방법에 대해서 간단히 살펴보기로 하자.

연립방정식은 $x + y = 5$, $100x + 50y = 450$와 같은 두개의 방정식을 나란히 놓은 것을 말한다. 연립방정식의 풀이는 주어진 $x + y = 5$ 와 $100x + 50y = 450$의 2개의 식을 사용하여 방정식에 있는 미지수 x와 y를 해결하는 것을 의미한다.

$$\begin{cases} x+y=5 \\ 100x+50y=450 \end{cases}$$

연립방정식을 해결하는 방법에는 가(+), 감(−)을 통해서 식에 있는 미지수를 최소화하여 풀이하는 가감법과 연립방정식에 있는 미지수를 다른 것으로 대입해서 해결하는 대입법이 있다. 이들 방법에 대해서 간단히 살펴보기로 하자.

☑ 가감법 : 두 미지수 중 하나를 없앤다(소거).

연립방정식 $\begin{cases} x+y=5 & \cdots\cdots\cdots ① \\ 100x+50y=450 & \cdots\cdots\cdots ② \end{cases}$

를 가감법으로 풀이하는 과정을 살펴보면 다음과 같다. 식 ①과 식 ②에 있는 x 또는 y의 배수를 같도록 해서 풀이하는 과정을 가감법이라 한다. 방정식 ① × 100을 하고 여기서 방정식 ②를 빼면

$$\begin{array}{rr} & 100x+100y=500 \\ -) & 100x+\ \ 50y=450 \\ \hline & 50y=50 \end{array}$$

그러므로 y는 1이 된다.

$y=1$을 방정식 ①에 대입하면

$x+1=5$; $\therefore x=5-1=4$

따라서, 구하는 해는 $x=4$, $y=1$

☑ 대입법 : 한 미지수를 다른 식에 넣는다(대입).

연립방정식 $\begin{cases} x+y=5 & \cdots\cdots\cdots ① \\ 100x+50y=450 & \cdots\cdots\cdots ② \end{cases}$

를 대입법으로 풀이하는 과정은 다음과 같다.

식 ① 또는 식 ②를 x 또는 y로 정리하여 이 값을 대입해서 풀이하는 과정을 대입법이라 한다. 방정식 ①에서 x를 계산해서 그 값을 ②에 대입하면

$x+y=5 \Rightarrow x=5-y$ 이므로 이 값을 식 $100x+50y=450$ 에 대입하면

$100\times(5-y)+50y=450$ 이 되며

$500-100y+50y=450$

$500 - 450 = y(100 - 50) = 50y$에서 $y = 1$이 된다.

$y = 1$을 $x + y = 5 \Rightarrow x = 5 - y$에 대입하면 $x = 4$가 되어

구하는 해는 $x = 4$, $y = 1$

연립방정식을 해결할 때 ⓐ 계수가 분수이면 분모의 최소공배수를 곱해 계수를 정수로 만들거나, ⓑ 계수가 소수이면 10이나 100을 곱해 계수를 정수로 만들어서 해결하면 편리하다.

8-1-2 물질의 혼합에 대한 계산

포소화약제와 같이 포 원액과 증류수를 혼합해서 사용하는 경우가 물질의 혼합 공정에 해당된다. 물질을 혼합하는 경우 공급되는 물질의 양은 만들어지는 제품의 양과 일정하게 유지되는 특성을 가진다. 즉 생성공정에서 만들어진 양은 도입 공정에서 공급된 전체 양의 합과 같게 된다.

2가지 물질이 혼합되어 새로운 물질이 만들어 지는 과정에 대해 그림 8-2에 나타내었다. 예를 들어 혼합장치를 통해 a와 b의 두 가지 성분으로 구성된 물질 1이 물질 2와 혼합되어 물질 3이 되는 과정을 예로 들어 살펴보자

이 혼합공정에서 물질의 흐름양은 다음과 같다.

혼합장치로 공급되는 물질의 양 = 혼합장치에서 혼합되어 나오는 물질의 양

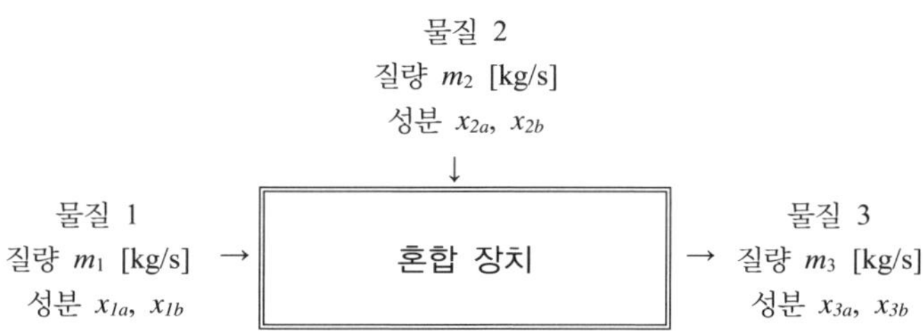

그림 8-2 혼합 공정에서 물질의 이동 관계

물질의 이동량은 다음과 같은 조건에 의하여 설정된다.

(ㄱ) 질량수지는 질량보존의 법칙을 기준으로 계산한다.

(ㄴ) 전체 물질 이동량은 혼합되기 위해 공급한 물질의 전체량과 혼합 후 만들어진 물질의 전체양의 관계를 의미한다.

(ㄷ) 성분 물질 이동량은 공급되는 물질중의 특정성분의 양과 혼합 후 만들어진 물질 중에 있는 같은 성분의 양적인 관계를 의미한다.

개념정리	혼합공정에서 물질의 흐름량
	혼합장치로 공급되는 물질의 양 = 혼합장치에서 혼합되어 나오는 물질의 양

(1) 전체 물질의 이동량

정상상태의 혼합공정에서는 시간이 지나도 물질의 전체 양에는 변함이 없어야 하므로 혼합을 위해 공급된 물질의 전체량과 혼합 후 생성된 물질의 전체양은 서로 같다.

그림 8-2에서 m은 질량이고, x는 조성을 나타낸 값이다. 혼합을 위해 공급되는 질량은 m_1과 m_2이고, m_3는 혼합된 생성물의 질량이므로 혼합에 따른 전체 물질의 이동량은 다음과 같이 나타낼 수 있다.

$$m_1 + m_2 = m_3$$

도입되는 물질의 양($m_1 + m_2$)과 유출되는 물질의 양(m_3)이 항상 일정하다는 질량보존의 관계로부터 유입되거나 유출되는 물질의 양을 쉽게 계산할 수 있다.

(2) 물질중 개별 성분의 이동량

각 흐름에서의 개별적인 성분 물질의 흐름양에 관한 계산식을 물질중 개별 성분의 이동량이라 하며 성분물질수지(component balance)라고도 한다.

혼합에 사용되는 물질 중에 있는 특정 성분물질(예를 들면 소금물중의 소금)의 흐름량을 그림 8-2를 통해서 살펴보기로 하자. 그림에서 성분 a와 b의 2성분계에서 성분 a의 흐름양은 다음과 같다.

물질의 양 m_1 중에 있는 성분 a의 조성이 x_{1a}이라면 물질 m_1 중에 있는 성분 a의 양은 $m_1 \times x_{1a}$ 이 된다.

개념정리	전체 물질의 양과 성분물질량과의 관계
	물질의 양 m 중에 있는 성분 a의 조성이 x_a이라면 물질 m 중에 있는 성분 a의 양은 $m \times x_a$이 된다.

혼합을 위해 공급되는 물질의 양은 m_1과 m_2이고, 혼합이 되어 생성된 물질의 양은 m_3이다. 물질 중에 있는 특정 성분 a의 양은 물질의 양(m)과 조성분율(x_a)로부터 다음과 같이 구해진다.

(ㄱ) 물질 m_1 중에 있는 성분 a의 양 $= m_1 \times x_{1a}$

(ㄴ) 물질 m_2 중에 있는 성분 a의 양 $= m_2 \times x_{2a}$

(ㄷ) 물질 m_3 중에 있는 성분 a의 양 $= m_3 \times x_{3a}$

혼합을 위해 도입되고 혼합이 되어 생성된 물질 중에 있는 성분 a의 양적인 관계는 다음과 같다.

$$m_1 \times x_{1a} + m_2 \times x_{2a} = m_3 \times x_{3a}$$

마찬가지로 혼합에 관여하는 물질 중에 있는 특정 성분 b의 양은 물질의 양(m)과 조성분율(x_b)로부터 다음과 같이 구해진다.

$$m_1 \times x_{1b} + m_2 \times x_{2b} = m_3 \times x_{3b}$$

이렇게 정리된 전체물질 이동량과 개별성분의 이동량에 관한 식으로부터 연립방정식을 이용해서 질량 값 m과 성분조성 x의 값을 계산한다.

개념정리	혼합공정에서 물질의 양
	• 혼합을 위해 도입되는 물질의 양이 m_1과 m_2이고, 혼합이 되어 생성된 물질의 양은 m_3이면 $m_1 + m_2 = m_3$이다. • 혼합을 위해 도입되고 혼합이 되어 생성된 물질 중에 있는 성분 a의 양적인 관계는 다음과 같다. $m_1 \times x_{1a} + m_2 \times x_{2a} = m_3 \times x_{3a}$

예제 8-1 화재 예방을 위해 건조목재에 물을 첨가해서 보관하려고 한다. 건조목재에 물을 첨가하는 공정을 정상상태공정으로 유지시키면서 장치에 들어가는 건조목재의 양이 150 kg이었다. 수분 첨가 공정을 거쳐서 나온 습한목재의 양이 188 kg이라면 첨가되는 수분의 양은 몇 kg인가?

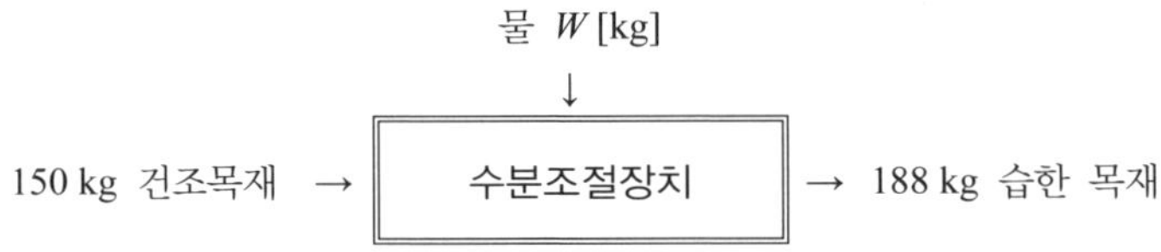

solution 정상상태에서 도입량은 유출량과 같다.

개념정리	정상 상태
	열 및 물질이동 등의 동적 현상에서 각각의 상태를 결정하는 여러 가지 상태량이 시간적으로 변하지 않을 때 정상상태라고 말한다.

공정에서 공급되는 수분의 양을 W라 하면

수분조절 장치에 들어가는 건조목재의 양 : 150 kg

수분조절 장치에서 나오는 습한목재의 양 : 188 kg

따라서 이를 이용하면 188 kg = 150 kg + W이 된다.

첨가되는 수분의 양(W)은 다음과 같다. W = 38 kg

예제 8-2 화재예방을 위해 목재에 물을 첨가해서 수분이 15%가 있는 목재상태로 보관하려고 한다. 목재에 물을 첨가하는 공정을 정상상태공정으로 유지시키면서 장치에 들어가는 목재에는 수분이 3% 들어 있고, 목재의 양은 100 kg이었다. 수분첨가 공정을 통해 20 kg의 수분을 첨가 하였다면 수분첨가 공정을 거쳐서 나온 습한목재 중에 들어 있는 수분의 양은 몇 %인가?

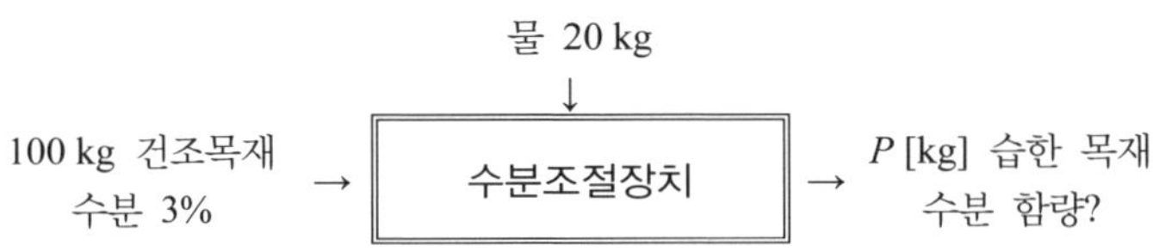

solution 앞서 살펴본 혼합공정에서 물질 흐름양의 계산 순서에 의해서 해결하여 보기로 하자. 이 문제는 수분이 3%인 목재 100 kg에 물 20 kg을 가했을 때 습한목재 중에 있는 수분의 %를 계산하는 문제이다.

물질의 양적인 관계를 알기 위해서 혼합을 위해 도입되는 물질과 혼합 후 생성되는 물질을 구분한다.

도입되는 물질은 <목재 + 물>이고, 혼합 후 생성물질은 수분 20 kg이 가해진 습한 목재이다.

전체 물질의 이동량은 다음과 같다.

$m_1 + m_2 = m_3$에서 각 물질의 양은

목재 + 물 = 습한 목재이므로 $100\text{ kg} + 20\text{ kg} = P(= 120\text{ kg})$

물질중 개별 성분의 이동량은 다음과 같다.

전체 물질의 이동량이 $100\text{ kg} + 20\text{ kg} = m_3(= 120\text{ kg})$ 이고

물질은 목재와 수분으로 되어 있으므로 개별성분인 수분과 목재의 양적인 관계는 다음과 같다.

목재 100 kg 중에는 수분이 3%이므로 목재는 97%이고, 공급되는 물 20 kg 중에는 수분의 양이 100%이고 목재의 양은 0%이다. 원료 목재와 물이 만나서 만들어진 습한목재 P [kg] 중에는 수분의 양은 알 수 없으므로 x [%]라고 하자.

수분의 양을 전체물질의 양적인 관계식인 $100\text{ kg} + 20\text{ kg} = m_3(= 120\text{ kg})$에 나타내면 다음과 같다.

$100\text{ kg} \times 0.03 + 20\text{ kg} \times 1 = 120\text{ kg} \times x$

$100\text{ kg} \times 0.03 + 20\text{ kg} \times 1 = 120\text{ kg} \times x$에서 x를 계산하면 다음과 같다.

$$x = \frac{100\text{ kg} \times 0.03 + 20\text{ kg}}{120\text{ kg}} = \frac{23\text{ kg}}{120\text{ kg}} = 0.192$$

습한 목재 중에 있는 수분의 함량은 0.192, 즉 19.2%이다.

예제 8-3 다음 그림과 같이 양을 알 수 없는 8%의 소금물에 양을 알 수 없는 5%의 소금물을 첨가해서 7%의 소금물을 만들 때 사용되는 5%의 소금물의 양 [g]과 8%의 소금물의 양 [g]을 계산하여라.

solution x[g]의 소금물과 y[g]의 소금물이 혼합되어 600 g의 소금물이 만들어지므로 이 관계를 식으로 표현하면 $x\,[\text{g}] + y\,[\text{g}] = 600\,\text{g}$이 된다.

혼합되는 소금물 x[g]과 y[g] 그리고 생성된 소금물 600 g에 들어 있는 소금의 양은 다음과 같이 나타낼 수 있다.
전체 물질의 양적인 관계인 $x\,[\text{g}] + y\,[\text{g}] = 600\,\text{g}$에서 소금물은 소금과 물로 되어 있다. 이중에서 소금의 양을 기준으로 양적인 관계를 표시하면
$x\,[\text{g}] \times 0.08 + y\,[\text{g}] \times 0.05 = 600\,\text{g} \times 0.07$

위에서 구해진 식을 이용하여
$x\,[\text{g}] + y\,[\text{g}] = 600\,\text{g}$과 $x\,[\text{g}] \times 0.08 + y\,[\text{g}] \times 0.05 = 600\,\text{g} \times 0.07$으로부터 x와 y를 계산하면 다음과 같다.

$x + y = 600$에서 $x = 600 - y$이므로
이 값을 $x \times 0.08 + y \times 0.05 = 600 \times 0.07$에 대입하면
$(600 - y) \times 0.08 + y \times 0.05 = 600 \times 0.07 = 42$

이 식을 정리하면
$48 - y \times 0.08 + y \times 0.05 = 42$가 되어서 $48 - 42 = y \times (0.08 - 0.05)$이 된다.
그러므로 $y = \dfrac{48 - 42}{(0.08 - 0.05)} = \dfrac{6}{0.03} = 200$
$x = 600 - y$이므로 $x = 600 - 200 = 400$이 된다.

즉, 8%의 소금물 400 g과 5%의 소금물 200 g을 혼합하면 7%의 소금물 600 g이 만들어진다.

예제 8-4 정상상태로 조작되는 혼합공정에서 95%의 진한 황산을 희석하기 위해서 황산을 100 kg/s의 속도로 도입하고 물을 연속적으로 가하여 40%의 황산을 제조하려한다. 이때 물의 도입량[kg/s]과 묽은 황산의 생성량[kg/s]을 구하시오.

solution 혼합을 위해 공급되는 물의 도입량을 m_2라 하고, 배출되는 40% 묽은 황산의 양을 m_3라 하면 위 문제를 공정으로 표시하면

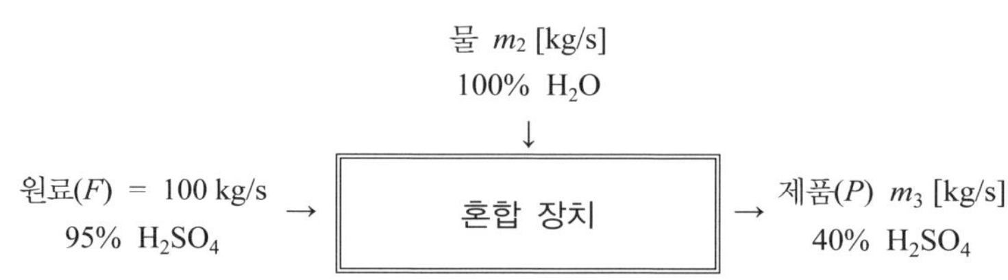

혼합을 위해 도입되는 양 : 100 + m_2
혼합 후 생성되는 양 : m_3
물질전체의 이동량은 $100 + m_2 = m_3$

혼합에 사용된 성분은 물과 황산 2가지이므로 황산에 대하여 계산하면 묽은 황산인 제품의 생성량 m_3는 다음과 같다.
$100 + m_2 = m_3$에서 황산은 양은 다음과 같다.

$(100) \times (0.95) = m_3 \times (0.40)$

$$m_3 = \frac{100\ \text{kg/s}\ \times 0.95}{0.4} = \frac{95}{0.4} = 237.5\ \text{kg/s}$$

이 결과를 $100 + m_2 = m_3$에 대입하여 계산하면 도입되는 물의 양(m_2)를 구한다.

$m_2 = 237.5 - 100 = 137.5$ kg/s

예제 8-5 25% 단백포 소화약제 수용액 20 kg을 물 500 kg과 혼합하였을 때 생성되는 단백포 소화약제 수용액의 농도는 몇 %인가?

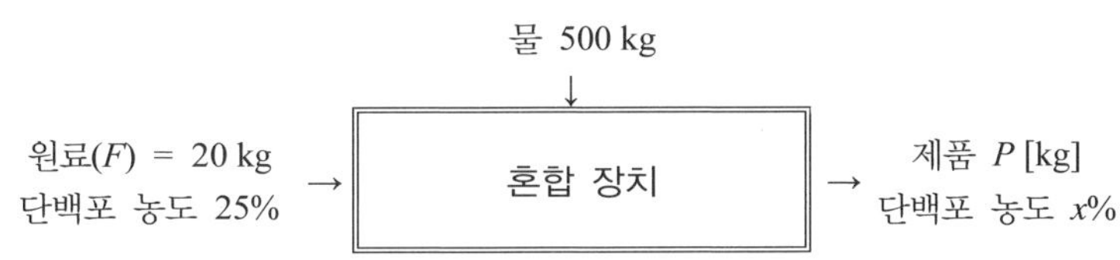

solution

혼합을 위해 도입되는 양 : 20 kg + 500 kg
혼합 후 생성되는 양 : P kg
전체물질의 이동량은 $20 + 500 = P = 520$

단백포 소화약제의 성분은 물과 단백포 2가지이므로 단백포 소화약제에 대하여 계산하면 다음과 같다.

물질의 전체 양인 $20 + 500 = P = 520$ 에서 단백포의 양은

$20 \times 0.25 + 500 \times 0 = 520 \times x$

$$x = \frac{20 \times 0.25}{520} = \frac{5}{520} = 0.0096$$

생성된 단백포 소화약제 수용액 중에 있는 단백포 소화약제의 농도는 0.0096 즉 0.96%이다.

8-2 분리(separation) 공정

하나의 물질에서 서로 다른 2개의 물질로 분리되는 경우 질량보존의 관계에 의하면 공급되는 물질과 공정을 통해서 만들어지는 서로 다른 2개의 제품의 양의 합은 항상 일정하게 유지된다.

하나의 물질이 서로 다른 2개의 물질로 분리되는 과정에 대해 그림 8-3에서 나타내었다. 예를 들어 분리장치를 통해 a와 b의 두 가지 성분으로 구성된 물질 1이 분리되어 물질 2와 물질 3이 되는 과정을 예로 들어 살펴보자

개념정리	분리공정에서 물질량
	• 분리공정에서 질량은 변하지 않고 농도만 변화하는 질량보전의 관계가 성립한다. • 원료의 양 = 분리된 제품의 질량

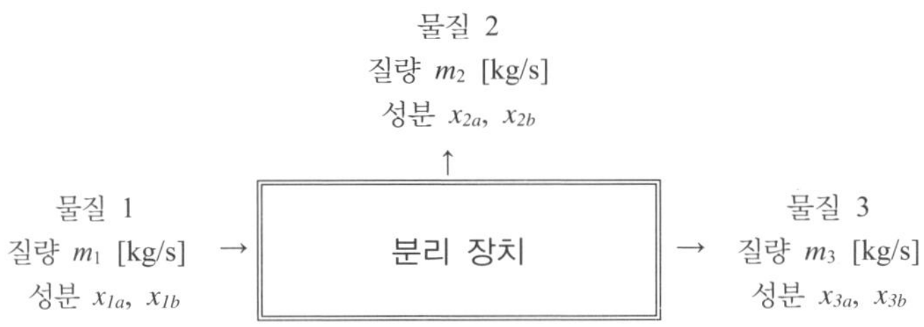

그림 8-3 분리 공정에서 물질의 이동 관계

이 분리공정에서 물질의 흐름양은 다음과 같다.

> 분리 장치로 공급되는 물질의 양 = 분리되어 나오는 물질의 양

물질의 이동량은 다음과 같은 조건에 의하여 설정된다.

(ㄱ) 질량수지는 질량보존의 법칙을 계산으로 나타낸 것이다.

(ㄴ) 전체 물질 이동량은 분리하기 위해 공급한 물질의 전체량과 분리 후 만들어진 물질의 전체양의 관계를 의미한다.

(1) 전체 물질의 이동량

정상상태 분리공정에서는 시간이 지나도 물질의 전체 양에는 변함이 없어야 하므로 전체 물질의 이동량을 살펴보면 공급된 물질의 양과 분리되어 새롭게 만들어진 물질의 전체량은 같다.

그림 8-3에서 m은 질량이고, x는 조성을 나타낸 값이다. 분리를 위해 공급되는 질량 m_1과 분리되어 새롭게 만들어진 물질의 질량 m_2와 m_3의 경우 분리에 따른 전체 물질의 이동량은 다음과 같이 나타낼 수 있다.

$$m_1 = m_2 + m_3$$

즉, 도입되는 물질의 양(m_1)과 유출되는 물질의 양($m_2 + m_3$)이 항상 일정하다는 질량보존의 관계로부터 유입되거나 새롭게 생성되는 물질의 양을 쉽게 계산할 수 있다.

(2) 물질중 개별성분의 이동량

각 흐름에서의 개별적인 성분 물질의 흐름양에 관한 계산식을 물질중 개별성분의 이동량이라 하며 성분물질수지(component balance)라고도 한다.

처음에 주어진 물질을 분리하는 공정에서 새로운 물질로 분리된 후에 물질중에 있는 특정 성분물질의 흐름량을 살펴보면, 성분 a와 b의 2성분 계에서 성분 a의 흐름양은 다음과 같다.

물질의 양 m_1 중에 있는 성분 a의 조성이 x_{1a}이라면 물질 m_1 중에 있는 성분 a의 양은 $m_1 \times x_{1a}$이 된다.

분리에 의해 생성된 물질이 m_2 와 m_3 이고, 물질 중에 있는 특정 성분 a의 양은 물질의 양(m)과 조성분율(x_a)로부터 다음과 같이 구해진다.

$$m_1 \times x_{1a} = m_2 \times x_{2a} + m_3 \times x_{3a}$$

마찬가지로 혼합에 관여하는 물질 중에 있는 특정 성분 b의 양은 물질의 양(m)과 조성분율(x_b)로부터 다음과 같이 구해진다.

$$m_1 \times x_{1b} = m_2 \times x_{2b} + m_3 \times x_{3b}$$

개념정리	분리공정에서 물질의 양
	• 분리공정에서 도입되는 물질의 양이 m_1이고, 분리되어 생성된 물질의 양이 m_2와 m_3이면 $m_1 = m_2 + m_3$이다. • 분리된 생성된 물질 중에 있는 성분 a의 양적인 관계는 다음과 같다. $m_1 \times x_{1a} = m_2 \times x_{2a} + m_3 \times x_{3a}$

예제 8-6 20%의 소금물을 농축해서 소금물의 농도를 50%로 하고자 한다. 20% 소금물 1000 kg을 농축할 때 증발되는 물의 양은 몇 kg인가? 이 공정의 공정도는 다음과 같다.

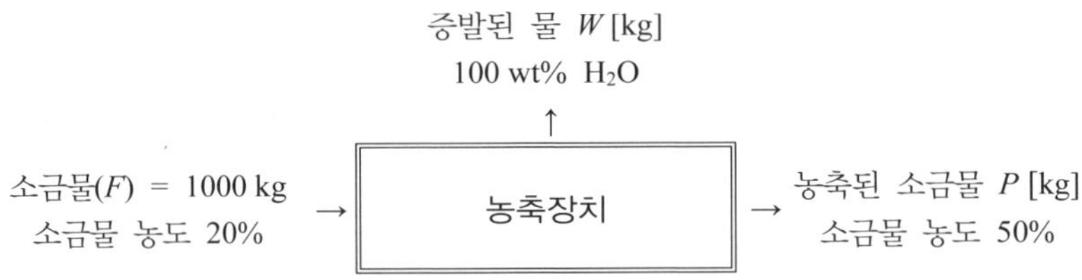

solution

전체 물질의 이동량을 살펴보면 공정에 도입되는 양은 F이고 유출되는 양은 W와 P이다. 즉, $F = W + P$이므로 이 식을 주어진 값으로 나타내면 $1000\ \text{kg} = W[\text{kg}] + P[\text{kg}]$이 된다.

물질중 개별 성분의 이동량을 살펴보면 다음과 같다.
전체 물질의 이동량이 $1000\ \text{kg} = W[\text{kg}] + P[\text{kg}]$이고, 소금물은 소금과 물로 되어 있다. 그러므로 도입되는 물질의 양 F(=1000 kg)와 유출되는 물질이 양 W[kg]와 P[kg] 중에 있는 소금이 양은 다음과 같이 계산할 수 있다.

도입되는 소금물 1000 kg 중에는 소금이 20%이므로 물이 80%이고, 농축되어 생성된 소금물 P[kg] 중에는 소금의 양이 50%이고 물의 양은 50%이다. 농축공정을 통해 증발된 물의 양은 W [kg]이고 순수한 물(=100%)만 있다.

이중에서 소금의 양을 기준으로 식을 표시해 보면
$1000 \times 0.2 = W \times 0 + P \times 0.5$

주어진 식을 풀어서 답을 구하면 다음과 같다.
$1000 \times 0.2 = W \times 0 + P \times 0.5$ 에서

$$P = \frac{1000\ \text{kg} \times 0.2}{0.5} = \frac{200\ \text{kg}}{0.5} = 400\ \text{kg}$$

따라서 물의 양 $W = 1000 - 400 = 600\ \text{kg}$

예제 8-7 100 kg의 공기에서 질소기체만 분리해서 질소기체 5 kg을 제거했다. 남아있는 공기중 산소의 농도는 몇 %인가? (처음 공기중에 있는 산소의 농도는 질량비로 23%이었다.)

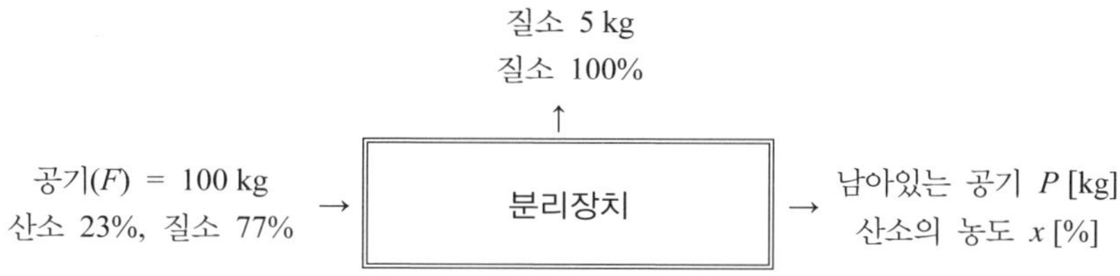

solution 분리공정에서 전체 물질의 이동량을 살펴보면

도입되는 공기 = 분리된 질소 + 남아 있는 공기

$100 = 5 + P$에서 남아 있는 공기의 양 P는 95 kg이 된다.

물질중 개별 성분의 이동량을 살펴보면 다음과 같다.

공기는 산소와 질소로 되어 있으므로 이중에서 산소의 양을 기준으로 식을 표시해 보면

$100 \times 0.23 = 5 \times 0 + 95 \times x$

식을 풀어서 답을 구한다.

$100 \times 0.23 = 5 \times 0 + 95 \times x$ 에서

$$x = \frac{100\ \text{kg} \times 0.23}{95} = \frac{23\ \text{kg}}{95} = 0.242$$

남아있는 공기 중 산소의 농도는 0.242, 즉 24.2%이다.

보 충 문 제

문제 VIII-1 20 %의 소금물 150 kg에 5 % 소금물 250 kg을 혼합하였을 때 생성된 소금물의 농도는 몇 %인가?

풀이 20 %의 소금물 150 kg에 5 % 소금물 250 kg을 혼합한 혼합공정은 다음과 같다.

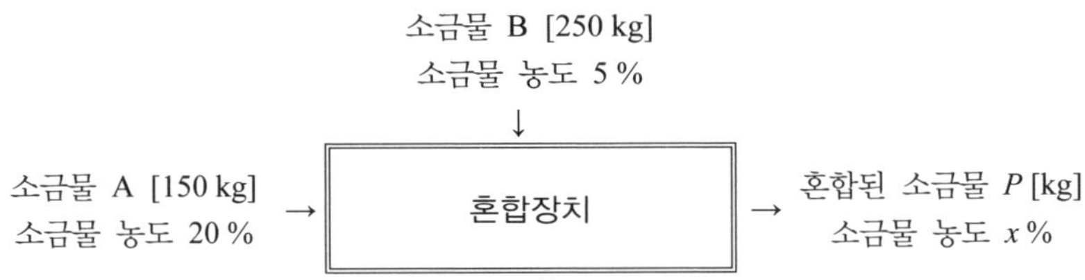

혼합공정에서 물질 전체의 양적인 관계는 다음과 같다.

$150\ \text{kg} + 250\ \text{kg} = P\,\text{kg}(= 400\ \text{kg})$

물질중 개별 성분의 양적인 관계는

전체 물질의 이동량이 $150\ \text{kg} + 250\ \text{kg} = P\,\text{kg}(= 400\ \text{kg})$이므로

소금물은 소금과 물로 되어 있으므로 소금을 기준으로 나타내면

150 kg의 소금물 중에 소금은 20 %이고, 250 kg의 소금물 중에 소금의 양은 5 %이고, 혼합된 소금물 P [kg] 중 소금물의 양은 x [%]이므로

$150\ \text{kg} \times 0.2 + 250\ \text{kg} \times 0.05 = 400\ \text{kg} \times x$

$$x = \frac{150\ \text{kg} \times 0.2 + 250\ \text{kg} \times 0.05}{400\ \text{kg}} = \frac{42.5\ \text{kg}}{400\ \text{kg}} = 0.106$$

$x = 10.6\ \%$이다.

문제 VIII-2 5 %의 소금물 150 kg에 1.5 % 소금물을 혼합해서 3 %의 농도를 가진 소금물을 만들려고 한다. 이때 필요한 1.5 % 소금물의 양은 몇 kg인가?

풀이 5 %의 소금물 150 kg에 1.5 % 소금물을 혼합해서 3 %의 농도를 가진 소금물을 만드는 공정은 다음과 같다. 1.5 % 소금물의 양을 A [kg]이라고 하면

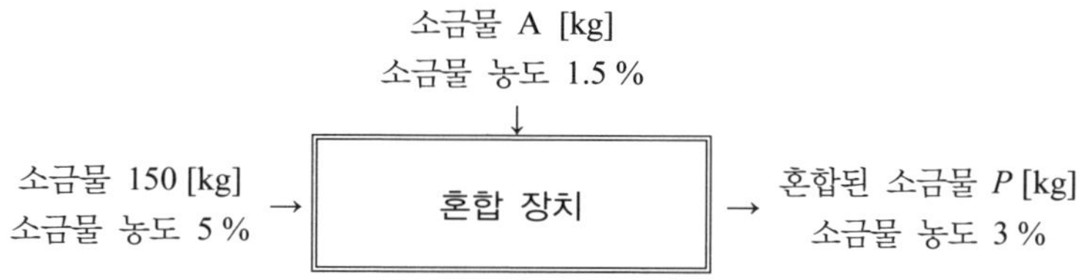

혼합공정에서 물질 전체의 양적인 관계는 다음과 같다.

$150\ \text{kg} + \text{A}\ [\text{kg}] = P[\text{kg}]$

물질중 개별 성분의 양적인 관계는

전체 물질의 이동량이 $150\ \text{kg} + \text{A}\ [\text{kg}] = P[\text{kg}]$이므로

소금물은 소금과 물로 되어 있으므로 소금을 기준으로 나타내면

$150\ \text{kg} \times 0.05 + \text{A}\ [\text{kg}] \times 0.015 = P[\text{kg}] \times 0.03$

$150\ \text{kg} + \text{A}\ [\text{kg}] = P[\text{kg}]$을 $150\ \text{kg} \times 0.05 + \text{A}\ [\text{kg}] \times 0.015 = P[\text{kg}] \times 0.03$에 대입해서 정리하면

$150\ \text{kg} \times 0.05 + \text{A}\ [\text{kg}] \times 0.015 = P[\text{kg}] \times 0.03$는 다음과 같이 나타낼 수 있다.

$150\ \text{kg} \times 0.05 + \text{A}\ [\text{kg}] \times 0.015 = (150\ \text{kg} + \text{A}\ [\text{kg}]) \times 0.03$

$150\ \text{kg} \times 0.05 + \text{A}\ [\text{kg}] \times 0.015 = 150\ \text{kg} \times 0.03 + \text{A}\ [\text{kg}] \times 0.03$

$150\ \text{kg} \times 0.05 - 150\ \text{kg} \times 0.03 = \text{A}\ [\text{kg}] \times 0.03 - \text{A}\ [\text{kg}] \times 0.015$

$150\ \text{kg} \times (0.05 - 0.03) = \text{A}\ [\text{kg}] \times (0.03 - 0.015)$

$$A = \frac{150\ \text{kg} \times (0.05 - 0.03)}{(0.03 - 0.015)} = \frac{3\ \text{kg}}{0.015} = 200\ \text{kg}$$

문제 Ⅷ-3 5 %의 농도를 가진 수용성 소화약제 250 kg에 물을 가해서 농도를 2 %로 희석하려고 한다. 이때 필요한 물의 양은 몇 kg인가?

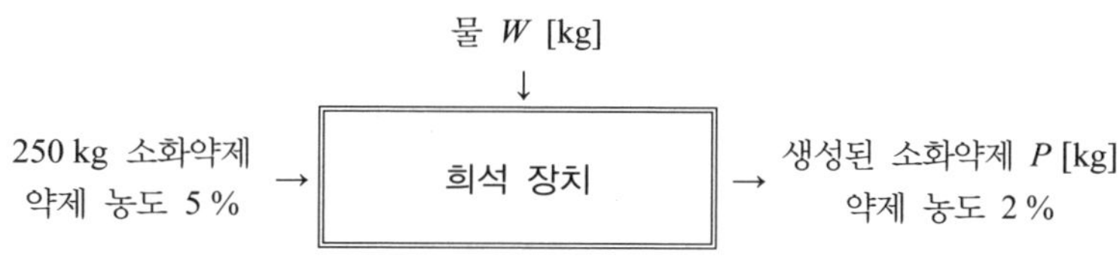

풀이 희석 공정에서 각 물질의 양은

$250\ \text{kg} + W[\text{kg}] = P[\text{kg}]$

물질은 소화약제와 물로 되어 있다. 이중에서 소화약제의 양을 기준으로 물질의 흐름량을 계산하면 각 물질 중에 있는 소화약제의 양은 다음과 같다.

$250\ kg \times 0.05 + W[kg] \times 0 = P[kg] \times 0.02$

$250\ kg \times 0.05 = P[kg] \times 0.02$에서

$$P = \frac{250\ kg \times 0.05}{0.02} = \frac{12.5\ kg}{0.02} = 625\ kg$$

따라서 첨가한 물의 양 $W = P - 250 = 625 - 250 = 375\ kg$

문제 Ⅷ-4 8 %의 농도를 가진 수용성 소화약제에 양을 알 수 없는 4 %의 수용성 소화약제를 첨가해서 5 %의 수용성 소화약제 2500 g을 만들 때 사용되는 8 %의 수용성 소화약제의 양 [g]과 4 %의 수용성 소화약제 양 [g]을 계산하여라.

풀이 전체 물질의 이동량은 다음과 같다.

$m_1 + m_2 = m_3$에서 각 물질의 양은 8 %의 농도를 가진 수용성 소화약제에 양을 A [g], 4 %의 수용성 소화약제의 양을 B [g]이라고 하면

$A[g] + B[g] = 2500\ g$

물질중 개별 성분의 이동량은 다음과 같다.

전체 물질의 이동량이 $A[g] + B[g] = 2500\ g$이므로

물질은 소화약제와 물로 되어 있다.

이중에서 소화약제 양을 기준으로 식을 표시해 보면

$A[g] \times 0.08 + B[g] \times 0.04 = 2500\ g \times 0.05$

위의 계산식으로부터 문제를 해결하면

$A + B = 2500$

$A \times 0.08 + B \times 0.04 = 2500 \times 0.05$ 으로부터 A와 B를 계산한다.

$A + B = 2500$에서 $A = 2500 - B$이므로

이 값을 $A \times 0.08 + B \times 0.04 = 2500 \times 0.05$ 에 대입하면

$(2500 - B) \times 0.08 + B \times 0.04 = 2500 \times 0.05$

이 식을 정리하면

$200 - B \times 0.08 + B \times 0.04 = 125$ 가 되어서 $200 - 125 = B \times (0.08 - 0.04)$

그러므로 $B = \dfrac{200 - 125}{(0.08 - 0.04)} = \dfrac{75}{0.04} = 1875$

$A = 2500 - B$이므로 $A = 2500 - 1875 = 625$가 된다.

문제 Ⅷ-5 공기중의 산소의 양은 부피비로 21 %를 차지한다. 밀폐된 공간에 있는 공기 1000 ℓ에 불순물로 이산화탄소를 125 ℓ를 첨가했다면 공기 중의 산소의 농도는 몇 %가 되는가?

풀이 순수한 공기 중에 불순물로 이산화탄소를 첨가하는 경우 공기의 성분이 처음에는 산소와 질소 2가지 성분에서 이산화탄소에 의해 3가지 성분으로 변화 하므로 공기 중에 있는 산소의 양은 변화 하지 않지만 농도는 변화 하는 현상을 초래 한다. 이러한 원리가 바로 질식소화의 원리이다.

혼합을 위해 도입되는 양 : 1000 ℓ + 125 ℓ

혼합 후 생성되는 양 : P [ℓ]

혼합 후 전체물질의 이동량은

$$1000 + 125 = P = 1125$$

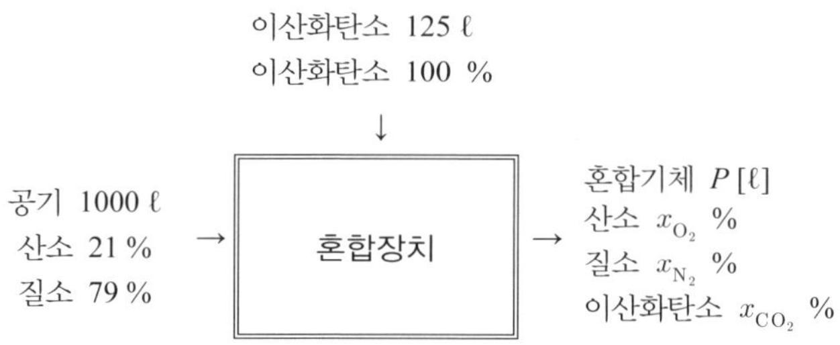

공기 중에 있는 성분은 질소와 산소 2가지이므로 산소에 대하여 계산하면 다음과 같다.

$$(1000) \times (0.21) = 1125 \times x_{O_2}$$

$$x_{O_2} = \frac{1000 \times 0.21}{1125} = \frac{210}{1125} = 0.187$$

공기 1000 ℓ에 이산화탄소를 125 ℓ를 첨가했다면 공기 중의 산소의 농도는 0.187 즉 18.7 %가 된다.

문제 Ⅷ-6 공기 중의 산소의 양은 부피비로 21 %를 차지한다. 밀폐된 공간에 있는 공기 100 ℓ에 이산화탄소를 혼합해서 공기 중에 있는 산소의 농도를 15 %로 낮추려고 한다. 이때 가해 주어야 하는 이산화탄소의 양은 ℓ 인가?

풀이 공기 중에 이산화탄소를 첨가하는 경우 공기의 성분이 처음에는 산소와 질소 2가지 성분에서 이산화탄소에 의해 3가지 성분으로 변화하므로 공기 중에 있는 산소의 양은 변화 하지 않지만 농도는 변화 하는 현상을 초래 한다.

처음 공기의 양은 100 ℓ이고, 혼합에 사용된 이산화탄소의 양을 A [ℓ]라고 하면

혼합을 위해 도입되는 양 : A [ℓ] + 100 ℓ

혼합 후 생성되는 양 : P [ℓ]

혼합공정에서 전체 물질의 흐름양은

$$100 + A = P$$

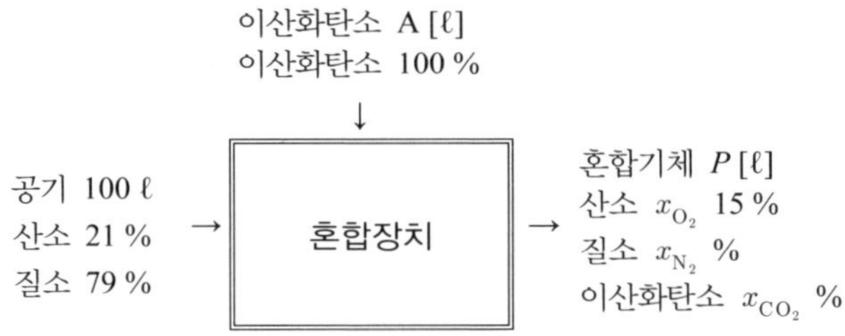

공기 중에 있는 성분은 질소와 산소 2가지이므로

혼합과정에서 산소의 흐름양은 다음과 같다.

$$100 \times 0.21 + A \times 0 = P \times 0.15$$

$$21 = P \times 0.15 \text{ 이므로 } P = \frac{21}{0.15} = 140\ \ell \text{ 가 된다.}$$

혼합공정에서 전체 물질의 흐름양 $100 + A = P$에서 가해진 이산화탄소의 양 A는 다음과 같이 계산할 수 있다.

$A = P - 100 = 140 - 100 = 40\ \ell$

즉, 공기 100 ℓ에 이산화탄소를 40 ℓ 가해주면 공기 중에 있는 산소의 농도를 15 %로 낮출 수 있다.

문제 Ⅷ-7 6.5 % 단백포 소화약제 수용액 100 kg을 물 1000 kg과 혼합하였을 때 생성되는 단백포 소화약제 수용액의 농도는 몇 %인가?

풀이 고농도의 단백포 소화약제 수용액에 물을 혼합하여 농도를 희석시키는 방법에 관한 문제로 다음과 같이 혼합공정으로 표현된다.

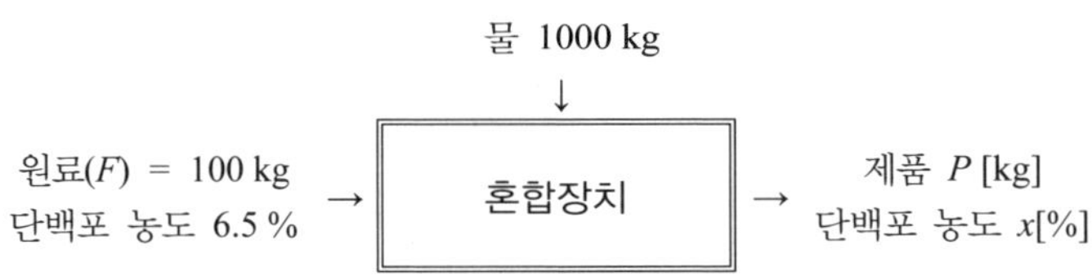

혼합을 위해 도입되는 양 : 원료 100 kg + 물 1000 kg

혼합 후 생성되는 양 : 제품 P [kg]

혼합공정에 관여한 전체 물질의 양은 다음과 같다.

$100 + 1000 = P = 1100$

단백포 수용액중의 성분은 물과 단백포 2가지이므로 단백포 소화약제를 기준으로 물질의 이동관계를 계산하면 다음과 같다.

$100 \times 0.065 + 1000 \times 0 = 1100 \times x$

$$x = \frac{100 \times 0.065}{1100} = \frac{6.5}{1100} = 0.0059$$

생성된 단백포 소화약제 수용액 중에 있는 단백포 소화약제의 농도는 0.0059 즉 0.59 %이다.

문제 Ⅷ-8 농도가 9 %인 단백포 소화약제 수용액 100 kg이 있다. 여기에 물을 혼합해서 1.5 % 짜리 단백포 소화약제 수용액을 만들려고 한다. 이때 첨가해야 하는 물의 양은 몇 kg인가?

풀이 고농도의 단백포 소화약제 수용액에 물을 혼합하여 농도를 희석시킬 때 필요한 물의 양을 구하는 문제로 다음과 같이 혼합공정으로 표현된다.

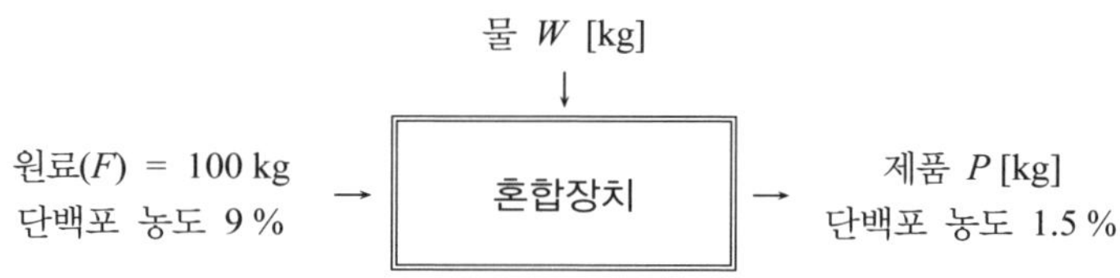

혼합을 위해 도입되는 양 : 원료 100 kg + 물 W [kg]

혼합 후 생성되는 양 : 제품 P [kg]

혼합공정에 관여한 전체 물질의 양은 다음과 같다.

$100 + W = P$

단백포 수용액 중의 성분은 물과 단백포 2가지이므로 단백포 소화약제를 기준으로 물질의 이동관계를 계산하면 다음과 같다.

$100 \times 0.09 + W \times 0 = P \times 0.015$

$$P = \frac{100 \times 0.09}{0.015} = \frac{9}{0.015} = 600$$

혼합공정에 관여한 전체 물질의 양은 $100 + W = P$이므로

첨가해야 하는 물의 양 $W = P - 100 = 600 - 100 = 500$ kg이 된다.

문제 Ⅷ-9 100 kg의 공기에 이산화탄소 25 kg을 혼합하였을 때 공기 중 산소의 농도는 몇 % 인가? (처음 공기 중에 있는 산소의 농도는 질량비로 23 %이었다.)

풀이 100 kg의 공기에 이산화탄소 25 kg을 혼합하는 경우 공기 중에 있는 산소의 양은 변화하지 않으나, 전체 혼합기체의 양이 증가하여 농도의 변화가 발생한다.

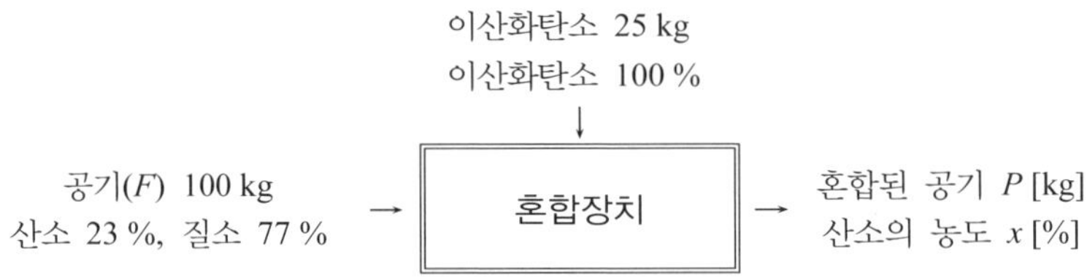

물질 전체의 양적인 관계는 다음과 같다.

$100 + 25 = P$에서 혼합공기의 양은 125 kg이 된다.

공기는 산소와 질소로 되어 있다. 이 중에서 산소의 양을 기준으로 식을 표시해 보면

$$100\ \text{kg} \times 0.23 + 25\ \text{kg} \times 0 = 125\ \text{kg} \times x$$

$$x = \frac{100\ \text{kg} \times 0.23}{125} = \frac{23\ \text{kg}}{125} = 0.184$$

혼합공기중의 중 산소의 농도는 0.184, 즉 18.4 %이다.

Chapter 9

연소에 필요한 공기량

화재는 가연물이 공기 중의 산소와 만나서 열을 내면서 연소되는 과정이라고 할 수 있다. 화재에 대한 이해를 위해서는 연소 공정에 대한 이해가 필요하다. 연소가 진행될 때 소요되는 공기량(산소량)에 대한 계산 능력은 소방시설의 설계에서 중요한 문제이다. 따라서 본 장에서는 이러한 연소의 특성과 연소 중에 소요되는 공기량을 산출하기 위해 다음과 같은 몇 가지 내용을 정리하기로 한다.

9-1 공기의 조성

연료의 가연성분은 탄소(C), 수소(H), 황(S) 및 이들 화합물이다. 이러한 성분들이 산소와 접촉하여 산화반응 등이 급격히 진행되어 빛과 열을 내는 경우를 연소라고 할 수 있다. 그러나 실제적인 연료의 연소에서는 공기 중에 있는 산소와 반응한다. 공기의 평균 조성은 다음과 같다.

표 9-1 공기의 성분

공기의 성분	N_2	O_2	Ar	CO_2	기타 (He, H_2, Ne, Kr, Xe)
조성 (mol %)	78.03	20.99	0.94	0.03	0.01

개념정리

공기의 몰(부피)조성

공기의 성분	N_2	O_2
조성(mol %)	79	21

예제 9-1 공기의 조성이 질소 79 mol %, 산소 21 mol %로 구성되었다. 공기의 각 성분의 질량 %를 구하시오.

solution 공기의 조성이 몰분율로 주어져 있으므로 각 성분의 분자량으로부터 성분의 질량을 구하고, 질량분율을 구하면 다음과 같다.

성분	mol %	분자량(g/mol)	질량(g)	질량 %
질소(N_2)	79	28	28×0.79 = 22.12	76.7
산소(O_2)	21	32	32×0.21 = 6.72	23.3
합계	100		28.84	

위의 결과로부터 표준상태에서 공기의 평균분자량은 28.84 g/mol임을 알 수 있다. 실제의 연소반응에서는 이산화탄소(CO_2)와 아르곤(Ar)은 관여하지 않으므로, 연소 계산에서는 공기의 조성을 산소 21 mol%, 질소 79 mol%로 사용한다.

개념정리 공기의 몰 및 질량 조성

공기의 성분	N_2	O_2
몰(mol) 조성(%)	79	21
질량 조성(%)	77	23

9-2 가연물의 연소 반응

9-2-1 가연물의 연소 반응식

가연물이란 불에 잘 타는 성질을 가지고 있는 물질을 말한다. 일반적으로 가연물의 연소 반응식은 유기물과 산소와의 반응식이 된다. 가연물이 연소될 때 필요한 공기의 양과 연소된 후에 생성되는 물질의 종류 및 양적인 관계를 알기 위해서는 연소 반응식을 먼저 알아야 한다. 가연물인 유기물의 연소 반응식에 대해서 살펴보면 다음과 같다.

개념정리 가연물의 연소 반응식

가연물의 연소 반응식은 유기물과 산소의 반응식이다

유기화합물중 가장 탄소수가 작은 물질인 메탄(CH_4)을 이용해서 가연물의 연소 반응식에 대해서 살펴보기로 하자.

메탄(CH_4)이 산소(O_2)와 만나는 반응인 연소 반응식은 다음과 같다.

$$CH_4 + 2O_2 \rightarrow CO_2 + 2H_2O$$

연소 반응식에서 보는 바와 같이 연소 반응에서는 생성물이 CO_2(이산화탄소)와 H_2O(수증기)만 생성된다. 즉, 가연물의 완전 연소에서 생성되는 물질은 CO_2(이산화탄소)와 H_2O(수증기)이다. 따라서 연소 반응식은 생성물이 CO_2(이산화탄소)와 H_2O(수증기)로 결정된 상태에서 반응식을 구하는 것으로 다음과 같은 단계로 생각하면 쉽게 정리할 수 있다.

개념정리	연소 반응
	가연물 + O_2 → CO_2 + H_2O

유기물의 일반적인 형태인 C_nH_{2n+2}을 대상으로 이 물질의 연소 반응식을 구하는 방법에 대해서 단계별로 살펴보기로 하자.

<1단계> 유기물과 산소를 반응물로 하고, 생성물은 CO_2와 H_2O로 한다.
유기화합물중 알칸(C_nH_{2n+2})을 대상으로 연소반응식을 정리해 보자.

$$C_nH_{2n+2} + O_2 \rightarrow CO_2 + H_2O$$

<2단계> 반응물중 유기물(여기서는 C_nH_{2n+2})에 있는 탄소원자(C)의 수와 생성물인 CO_2에 있는 탄소원자(C)의 수를 일치시킨다.
C_nH_{2n+2} 중에 탄소의 수가 n개이므로 연소 생성물인 CO_2도 n배가 되어야 한다.

$$C_nH_{2n+2} + O_2 \rightarrow nCO_2 + H_2O$$

<3단계> 반응물중 유기물(여기서는 C_nH_{2n+2})에 있는 수소원자(H)의 수와 생성물인 H_2O에 있는 수소원자(H)의 수를 일치시킨다. C_nH_{2n+2}에는 수소원자

가 $2n+2$개 있고 H_2O에 수소원자가 2개 있으므로 생성되는 H_2O는 $\frac{2n+2}{2}$배가 된다.

$$C_nH_{2n+2} \quad + \quad O_2 \quad \rightarrow \quad n\ CO_2 \quad + \quad \frac{2n+2}{2}H_2O$$

<4단계> 생성물인 H_2O와 CO_2 중에 있는 산소원자의 수와 반응물인 산소원자의 수를 일치시킨다.

생성물에 있는 nCO_2 중에 산소분자(O_2)가 n개, $\frac{2n+2}{2}H_2O$ 중에 산소분자(O_2)가 $\frac{n+1}{2}$개 있으므로 전체 산소분자(O_2)의 수는 $n + \frac{n+1}{2} = \frac{3n+1}{2}$이 된다.

$$C_nH_{2n+2} \quad + \quad \left(\frac{3n+1}{2}\right)O_2 \quad \rightarrow \quad nCO_2 \quad + \quad \frac{2n+2}{2}H_2O$$

개념정리	연소 반응식의 단계
	[1단계] 유기물과 산소를 반응물로 하고, 생성물은 CO_2와 H_2O로 한다. [2단계] 반응물중 유기물(여기서는 C_nH_{2n+2})에 있는 탄소원자(C)의 수와 생성물인 CO_2에 있는 탄소원자(C)의 수를 일치시킨다. [3단계] 반응물중 유기물(여기서는 C_nH_{2n+2})에 있는 수소원자(H)의 수와 생성물인 H_2O에 있는 수소원자(H)의 수를 일치시킨다. [4단계] 생성물인 H_2O와 CO_2 중에 있는 산소원자의 수와 반응물인 산소원자의 수를 일치시킨다.

예제 9-2 메탄(CH_4)의 연소 반응식을 완결하여라.

solution

<1단계> 유기물과 산소를 반응물에 놓고 생성물은 CO_2와 H_2O로 한다.

메탄(CH_4)의 연소반응식은 다음과 같다.

$CH_4 + O_2 \rightarrow CO_2 + H_2O$

<2단계> 반응물중 유기물(여기서는 CH_4)에 있는 탄소원자(C)의 수와 생성물인 CO_2에 있는 탄소원자(C)의 수를 일치시킨다. CH_4에 있는 탄소원자(C)의 수가 1이므로

C_nH_{2n+2} + O_2 → nCO_2 + H_2O에 의해
CH_4 + O_2 → $\boxed{1}CO_2$ + H_2O가 된다.

<3단계> 반응물중 유기물(CH_4)에 있는 수소원자(H)의 수가 4개이므로 생성물인 H_2O에 있는 수소원자(H)의 수와 일치시킨다.

$$C_nH_{2n+2} + O_2 \rightarrow nCO_2 + \frac{2n+2}{2}H_2O\text{에 의하면}$$

$$CH_4 + O_2 \rightarrow \boxed{1}CO_2 + \boxed{2}H_2O \text{ 가 된다.}$$

<4단계> 생성물인 H_2O와 CO_2 중에 있는 산소원자의 수와 공급된 산소원자의 수를 일치시킨다. 생성물인 $2H_2O$에 O가 2개 CO_2 중에 산소원자가 2개 등 모두 4개가 있으므로 공급된 산소는 $2O_2$의 형태가 되어 4개로 같은 값을 가진다.

$$C_nH_{2n+2} + \left(\frac{3n+1}{2}\right)O_2 \rightarrow n\ CO_2 + \frac{2n+2}{2}H_2O\text{에 의하면}$$

$$CH_4 + \boxed{2}O_2 \rightarrow \boxed{1}CO_2 + \boxed{2}H_2O \text{ 가 된다.}$$

이 연소 반응식에 의하면 반응물 중에 C가 1개, H가 4개, O가 4개 있고, 생성물 중에도 C가 1개, H가 4개, O가 4개 있다. 연소 반응식은 생성물과 반응물에 있는 성분 원소의 수를 일치 시키는 것을 의미하기도 한다.

예제 9-3 프로판(C_3H_8)의 연소 반응식을 완결하여라.

solution

<1단계> 유기물과 산소를 반응물에 놓고 생성물은 CO_2와 H_2O로 한다.
프로판(C_3H_8)의 연소반응식을 정리해 보자

$$C_3H_8 + O_2 \rightarrow CO_2 + H_2O$$

<2단계> 반응물중 유기물(여기서는 C_3H_8)에 있는 탄소원자(C)의 수와 생성물인 CO_2에 있는 탄소원자(C)의 수를 일치시킨다. C_3H_8에 있는 탄소원자(C)의 개수가 3개이므로

$$C_3H_8 + O_2 \rightarrow \boxed{3}CO_2 + H_2O\text{가 된다.}$$

<3단계> 반응물중 유기물(C_3H_8)에 있는 수소원자(H)의 수가 8개이므로 생성물인 H_2O에 있는 수소원자(H)의 수와 일치시킨다.

$$C_3H_8 + O_2 \rightarrow \boxed{3}CO_2 + \boxed{4}H_2O\text{가 된다.}$$

<4단계> 생성물인 H_2O와 CO_2 중에 있는 산소원자의 개수와 반응물중 산소원자의 개수를 일치시킨다. 생성물인 H_2O에 O가 4개 CO_2 중에 산소원자가 6 개 등 모두 10개가 있으므로 공급된 산소의 형태는 $5O_2$가 된다.

$C_3H_8 \ + \ \boxed{5}O_2 \ \rightarrow \ \boxed{3}CO_2 \ + \ \boxed{4}H_2O$가 된다.

9-2-2 가연물 성분원소의 연소 반응

(1) 탄소(C)의 연소

가연물은 주로 유기성 물질이므로 가연물 중에 가장 많은 성분이 탄소(C)이다. 화재시 가연물의 연소에 의해서 생성되는 연소기체는 화재현장에 있는 사람들에게 질식 등의 피해를 발생시킨다.

이 중 탄소의 연소가 완전 연소인지 또는 불완전 연소인지에 따라 생성기체가 달라져서 인명피해에 미치는 영향이 크다고 할 수 있다. 그래서 가연물 성분 중 가장 많은 탄소의 연소 반응식 및 연소 생성물 그리고 연소에 필요한 산소의 양에 대해서 반응식을 이용해서 간단히 살펴보기로 하자.

① 완전 연소

탄소의 완전 연소는 탄소가 산소와 만나서 탄소량 전부가 CO_2로 되는 연소 과정이다.

연소반응식	C +	O_2 (+ N_2)	→ CO_2 (+ N_2)
물질량	: 1 kmol	1 kmol	1 kmol
질량	: 12 kg	32 kg (107 kg)	44 kg (107 kg)
탄소 1 kg 기준	: 1 kg	2.67 kg (8.92 kg)	3.67 kg (8.92 kg)

여기서 질소의 양 107 kg은 공기에는 산소와 질소가 질량비로 23 : 77로 들어 있으므로 32 kg의 산소가 공급될 때 같이 공급되는 질소의 양은

$32\ \text{kg}\,O_2 \times \dfrac{0.77\ \text{kg}\,N_2}{0.23\ \text{kg}\,O_2} = 107\ \text{kg}\,N_2$으로 계산된다.

개념정리	탄소의 완전 연소 시 필요한 산소량
	연소반응식 $C + O_2 \rightarrow CO_2$ 으로부터 분자량이 12인 탄소(C) 12 kg이 완전 연소하려면 분자량이 32인 산소 32 kg이 필요하다는 것을 알 수 있다.

예제 9-4 탄소 20 kg이 완전 연소하기 위해 필요한 산소의 양은 몇 kg인가?

solution 탄소의 완전 연소 반응식 $C + O_2 \rightarrow CO_2$로부터 12 kg의 탄소가 완전 연소 되기 위해서는 32 kg의 산소가 필요하다는 것을 알 수 있다. 따라서 20 kg의 탄소 완전 연소에 필요한 산소의 양은 다음과 같다.

$$\frac{32\ \mathrm{kg\,O_2}}{12\ \mathrm{kg\,C}} \times 20\ \mathrm{kg\,C} = 53.33\ \mathrm{kg\,O_2}$$

② 불완전 연소

C의 불완전 연소는 산소의 부족에 의해 C가 CO로 되는 공정이므로 다음과 같이 나타낼 수 있다.

연소반응식	C	$+\ \frac{O_2}{2}$	$(+\ N_2)$	$\rightarrow$	CO	$(+\ N_2)$
물질량	1 kmol	$\frac{1}{2}$ kmol			1 kmol	
질 량	12 kg	16 kg	(53.5 kg)		28 kg	(53.5 kg)
탄소 1 kg 기준	1 kg	1.33 kg	(4.46 kg)		2.33 kg	(4.46 kg)
		공기량; 5.79 kg			생성가스량; 6.79 kg	

개념정리	탄소의 불완전 연소 시 필요한 산소량
	연소반응식 $C + \frac{1}{2}O_2 \rightarrow CO$ 으로부터 분자량이 12인 탄소(C) 12 kg이 불완전 연소하려면 분자량이 32인 산소(O_2) 16 kg이 필요하다는 것을 알 수 있다.

예제 9-5 탄소 20 kg이 불완전 연소하기 위해 필요한 산소의 양은 몇 kg인가?

탄소의 불완전 연소 반응식 $C + \frac{1}{2}O_2 \rightarrow CO$으로부터

solution 12 kg의 탄소가 불완전 연소되기 위해서는 16 kg의 산소가 필요하다는 것을 알 수 있다. 따라서 20 kg의 탄소의 불완전 연소에 필요한 산소의 양은 다음과 같다.

$$\frac{16\ \text{kg}\ O_2}{12\ \text{kg}\ C} \times 20\ \text{kg}\,C = 26.67\ \text{kg}\,O_2$$

(2) 수소(H)의 연소

가연물 중에 들어있는 수소는 산소와 만나서 연소되어 H_2O가 생성된다. 연소에 따른 공기량 및 생성 가스량은 다음과 같다.

연소반응식	H_2	$+\ \frac{O_2}{2}$	$(+\ N_2)$	$\rightarrow$	H_2O	$(+\ N_2)$
물질량	1 kmol	$\frac{1}{2}$ kmol			1 kmol	
질량	2 kg	16 kg	(53.5 kg)		18 kg	(53.5 kg)
수소 1 kg 기준	1 kg	8 kg	(26.75 kg)		9 kg	(26.75 kg)

개념정리	수소의 완전 연소 시 필요한 산소량
	연소반응식 $H_2 + \frac{1}{2}O_2 \rightarrow H_2O$ 으로부터 분자량이 2인 수소(H) 2 kg이 완전 연소하려면 분자량이 32인 산소(O_2) 16 kg이 필요하다는 것을 알 수 있다.

예제 9-6 수소 20 kg이 완전 연소하기 위해 필요한 산소의 양은 몇 kg인가?

solution 수소의 완전 연소 반응식 $H_2 + \frac{1}{2}O_2 \rightarrow H_2O$으로부터

2 kg의 수소가 완전 연소 되기 위해서는 16 kg의 산소가 필요하다는 것을 알 수 있다. 따라서 20 kg의 수소의 완전 연소에 필요한 산소의 양은 다음과 같이 계산한다.

$$\frac{16\ \text{kg}\,O_2}{2\ \text{kg}\,H_2} \times 20\ \text{kg}\,H_2 = 160\ \text{kg}\,O_2$$

(3) 황(S)의 연소

가연물 중의 황은 산소와 만나서 완전 연소가 되면 SO_2가 생성된다.

연소반응식	S	+	O_2 (+ N_2)	→	SO_2 (+ N_2)
물질량	1 kmol		1 kmol		1 kmol
질량	32 kg		32 kg (107 kg)		64 kg (107 kg)
황 1 kg 기준	1 kg		1 kg (3.34 kg)		2 kg (3.34 kg)

개념정리	황의 완전 연소 시 필요한 산소량
	연소반응식 $S + O_2 \rightarrow SO_2$으로부터 분자량이 32인 황(S) 32 kg이 완전 연소하려면 분자량이 32인 산소(O_2) 32 kg이 필요하다는 것을 알 수 있다.

예제 9-7 황 20 kg이 완전 연소하기 위해 필요한 산소의 양은 몇 kg인가?

solution 황의 완전 연소 반응식 $S + O_2 \rightarrow SO_2$으로부터

32 kg의 황이 완전 연소 되기 위해서는 32 kg의 산소가 필요하다는 것을 알 수 있다. 따라서 20 kg의 황의 완전 연소에 필요한 산소의 양은 다음과 같다.

$$\frac{32\ \text{kg}\,O_2}{32\ \text{kg}\,S} \times 20\ \text{kg}\,S = 20\ \text{kg}\,O_2$$

9-3 연소에 필요한 산소량(공기량)

가연물의 연소에 필요한 산소량(또는 공기량)을 이론적으로 산출한 양을 이론산소량(또는 공기량)이라 한다. 연소에 필요한 이론산소량은 가연물 중에 연소가능성분의 조성비에 대한 자료를 바탕으로 앞서 살펴본 개별적인 성분원소의 연소에 필요한 산소의 양을 활용하면 쉽게 구할 수 있다.

(1) 질량으로 구할 때

연소에 필요한 이론산소량을 질량 값으로 계산하기 위해 먼저 가연물의 연소 반응식이 필요하다. 가장 기본적인 가연물인 CH_4의 완전 연소 반응식을 이용해서 살펴보면 다음과 같다.

연소 반응식	: CH_4	+	$2O_2$	→	CO_2	+	$2H_2O$
몰(kmol)비	: 1 kmol	+	2 kmol	→	1 kmol	+	2 kmol
질량(kg)비	: 16 kg	+	64 kg	→	44 kg	+	36 kg

연소에 반응식에 의하면 메탄(CH_4) 1 kmol을 완전 연소하는데 필요한 산소(O_2)의 양은 2 kmol이다. 즉 메탄(CH_4) 16 kg을 완전 연소하는데 필요한 산소(O_2)의 양은 64 kg이 된다.

예제 9-8 메탄(CH_4) 10 kg이 완전 연소하는데 필요한 산소량은 몇 kg인가?

solution 메탄의 완전 연소에 필요한 산소량을 계산하기 위해서는 메탄의 완전 연소 반응식을 먼저 알아야 한다.

연소 반응식	: CH_4	+	$2O_2$	→	CO_2	+	$2H_2O$
몰(kmol)비	: 1 kmol	+	2 kmol	→	1 kmol	+	2 kmol
질량(kg)비	: 16 kg	+	64 kg	→	44 kg	+	36 kg

$CH_4 + \boxed{2}O_2 \rightarrow \boxed{1}CO_2 + \boxed{2}H_2O$으로부터 분자량이 16 kg/kmol인 메탄 1 kmol을 완전 연소하기 위해서는 분자량이 32 kg/kmol인 산소 2 kmol이 필요하다는 것을 알 수 있다. 즉 16 kg의 메탄을 완전 연소시키기 위해서는 64 kg의 산소가 필요하다는 것을 연소 반응식으로부터 알 수 있다. 따라서 10 kg의 메탄의 완전 연소에 필요한 산소량은 다음과 같이 계산한다.

$$\frac{2 \times 32\ \text{kg}\,O_2}{16\ \text{kg}\,CH_4} \times 10\ \text{kg}\,CH_4 = 40\ \text{kg}\,O_2$$

예제 9-9 메탄(CH_4) 10 kg이 완전 연소하면 생성되는 연소가스인 CO_2와 H_2O의 양은 몇 kg인가?

solution 연료로 사용되고 있는 메탄의 완전 연소에 의해 생성된 생성기체의 양을 구하기 위해서는 메탄의 완전 연소 반응식을 먼저 알아야 한다.

연소 반응식	: CH_4	+	$2O_2$	→	CO_2	+	$2H_2O$
몰(kmol)비	: 1 kmol	+	2 kmol	→	1 kmol	+	2 kmol
질량(kg)비	: 16 kg	+	64 kg	→	44 kg	+	36 kg

$CH_4 + \boxed{2}O_2 \rightarrow \boxed{1}CO_2 + \boxed{2}H_2O$으로부터 분자량이 16 kg/kmol인 메탄 1 kmol이 완전 연소하면 분자량이 44 kg/kmol인 CO_2 1 kmol이 생성되며, 분자량이 18 kg/kmol인 H_2O 2 kmol이 생성된다. 즉 16 kg의 메탄을 64 kg의 산소를 사용해서 완전 연소시키면 44 kg의 CO_2와 36 kg의 H_2O가 생성된다.

10 kg 메탄의 완전 연소에 의해 생성된 생성기체의 량은 다음과 같이 계산한다.

㉠ 연소 생성물인 CO_2의 양

16 kg의 CH_4이 완전 연소 되면 CO_2는 44 kg이 생성되므로

$$\frac{44\ \text{kg}\,CO_2}{16\ \text{kg}\,CH_4} \times 10\ \text{kg}\,CH_4 = 27.5\ \text{kg}\,CO_2$$

㉡ 연소 생성물인 H_2O의 양

16 kg의 CH_4이 완전 연소 되면 36 kg의 H_2O가 생성되므로

$$\frac{36\ \text{kg}\,H_2O}{16\ \text{kg}\,CH_4} \times 10\ \text{kg}\,CH_4 = 22.5\ \text{kg}\,H_2O$$

㉢ 연소 생성물의 양 = 27.5 kg + 22.5 kg = 50 kg

(2) 부피로 구할 때

기체 연료 1 Nm^3(표준상태에서의 부피를 의미)를 완전 연소시키는데 필요한 이론 산소의 부피를 살펴보면 다음과 같다.

아보가드로의 법칙에 의하면 모든 기체는 표준상태인 0℃, 1기압에서 1 kmol이 22.4 m^3의 부피를 차지한다고 알 수 있다. 따라서 이러한 관계를 이용하면 연료의 연소에 필요한 산소의 양과 연소 후 생성된 생성기체의 양을 부피 값으로 계산할 수 있다.

가장 기본적인 연료인 CH_4의 완전 연소 반응식을 이용해서 살펴보면 다음과 같다.

연소 반응식	:	CH_4	+	$2O_2$	→	CO_2	+	$2H_2O$
몰(kmol)비	:	1 kmol	+	2 kmol	→	1 kmol	+	2 kmol
부피(m^3)비	:	22.4 m^3	+	$2\times$ 22.4 m^3	→	22.4 m^3	+	$2\times$ 22.4 m^3

연소 반응식에 의하면 메탄(CH_4) 1 kmol이 완전 연소하는데 필요한 산소(O_2)의 양은 2 kmol이다. 즉 메탄(CH_4) 16 kg을 완전 연소하는데 필요한 산소(O_2)의 양은 부피로 44.8 m^3이 된다.

예제 9-10 프로판(C_3H_8) 40 kg이 완전 연소하는데 필요한 산소량은 표준상태(0℃, 1 atm)에서 몇 m^3인가?

solution 프로판의 완전 연소에 필요한 산소량을 계산하기 위해서는 프로판의 완전 연소 반응식을 먼저 알아야 한다.

연소 반응식	: C_3H_8	+	$5O_2$	→	$3CO_2$	+	$4H_2O$
몰(kmol)비	: 1 kmol	+	5 kmol	→	3 kmol	+	4 kmol
부피(m^3)비	: 22.4 m^3	+	5× 22.4 m^3	→	3×22.4 m^3	+	4× 22.4 m^3

C_3H_8 + $\boxed{5}O_2$ → $\boxed{3}CO_2$ + $\boxed{4}H_2O$으로부터 표준상태에서 분자량이 44 kg/kmol인 프로판 1 kmol이 완전 연소하기 위해서는 분자량이 32 kg/kmol인 산소 5 kmol이 필요하다. 아보가드로의 법칙에 의하면 표준상태에서 모든 기체 1 kmol의 부피는 22.4 m^3이다.

즉 44 kg의 프로판을 완전 연소시키기 위해서는 5 × 22.4 m^3의 산소가 필요하다는 것을 연소 반응식으로부터 알 수 있다. 따라서 40 kg의 프로판의 완전 연소에 필요한 산소량은 다음과 같이 계산한다.

$$\frac{5\times 22.4\ m^3 O_2}{44\ kg\,C_3H_8}\times 40\ kg\,C_3H_8 = 101.8\ m^3 O_2$$

예제 9-11 프로판(C_3H_8) 40 kg이 완전 연소하면 생성되는 연소가스인 CO_2와 H_2O의 양은 부피로 몇 m^3인가?

solution 프로판의 완전 연소에 의해 생성된 생성기체의 양을 구하기 위해서는 프로판의 완전 연소 반응식을 먼저 알아야 한다.

연소 반응식	: C_3H_8	+	$5O_2$	→	$3CO_2$	+	$4H_2O$
몰(kmol)비	: 1 kmol	+	5 kmol	→	3 kmol	+	4 kmol
부피(m^3)비	: 22.4 m^3	+	5× 22.4 m^3	→	3×22.4 m^3	+	4× 22.4 m^3

C_3H_8 + $\boxed{5}O_2$ → $\boxed{3}CO_2$ + $\boxed{4}H_2O$으로부터 분자량이 44 kg/kmol인 프로판 1 kmol이 완전 연소하면 분자량이 44 kg/kmol인 CO_2 3 kmol이 생성되며, 분자량이 18 kg/kmol인 H_2O 4 kmol이 생성된다. 즉 44 kg의 프로판을 5 kmol의 산소를 사용해서 완전 연소시키면 3 kmol의 CO_2와 4 kmol의 H_2O가 생성된다.

아보가드로의 법칙에 의하면 표준상태에서 모든 기체 1 kmol의 부피는 22.4 m^3이다.

40 kg 프로판의 완전 연소에 의해 생성된 생성기체의 량은 다음과 같이 계산한다.

㉠ 연소 생성물인 CO_2의 양

44 kg의 C_3H_8이 완전 연소 되면 CO_2는 3 kmol이 생성되므로

$$\frac{3\times 22.4\ m^3CO_2}{44\ kg\,C_3H_8}\times\ 40\ kg\,C_3H_8 = 61.1\ m^3CO_2$$

㉡ 연소 생성물인 H_2O의 양

44 kg의 C_3H_8이 완전 연소 되면 4 kmol의 H_2O가 생성되므로

$$\frac{4\times 22.4\ m^3H_2O}{44\ kg\,C_3H_8}\times 40\ kg\,C_3H_8 = 81.45\ m^3H_2O$$

㉢ 연소 생성물의 양 = $61.1\ m^3 + 81.45\ m^3 = 142.55\ m^3$

예제 9-12 질량비로 탄소(C)가 73%, 수소(H)가 16%이고, 산소가 11%로 된 고체 연료 100 kg을 완전 연소시키는데 사용되는 공기량은 표준상태에서 몇 m^3인가? (공기의 평균 분자량은 29 kg/kmol이다.)

solution 고체 연료 100 kg 중에는 탄소가 73 kg, 수소가 16 kg 그리고 산소가 11 kg이 있다. 이중 가연성분은 탄소와 수소로서 가연성분의 연소에 필요한 공기량은 다음과 같이 구한다.

◎ 탄소의 완전 연소 반응식으로부터 73 kg의 탄소가 완전 연소하는 필요한 산소의 양은 다음과 같이 구한다.

$$C \ + \ O_2 \ \rightarrow \ CO_2$$

12 kg의 탄소가 완전 연소하기 위하여는 산소 32 kg이 필요하다. 실제로 연소된 탄소의 양은 73 kg이므로 이때 필요한 산소양은

$$\frac{32\ kg\,O_2}{12\ kg\,C}\times 73\ kg\,C\ = 194.7\ kg\,O_2$$

◎ 수소의 연소 반응식으로부터 수소 16 kg을 연소시키는데 사용된 산소의 양을 구하면 다음과 같다.

$$H_2 \ + \ \frac{1}{2}O_2 \ \rightarrow \ H_2O$$

2 kg의 수소가 완전 연소하기 위해 산소 16 kg이 필요하다. 실제로 연소된 수소의 양은 16 kg이므로 이때 필요한 산소양은

$$\frac{16\ kg\,O_2}{2\ kg\,H_2}\times 16\ kg\,H_2 = 128\ kg\,O_2$$

연료 중에 산소가 11 kg이 존재하므로

실제로 필요한 산소의 양 = 194.7 + 128 − 11 = 311.7 kg O_2

공기 중에 산소가 질량비로 23 % 있으므로

이론공기량은 $311.7\ \text{kg}\,O_2 \times \dfrac{1\ \text{kg Air}}{0.23\ \text{kg}\,O_2} = 1355.2\ \text{kg Air}$

표준상태(0℃, 1 atm)에서 공기 1 kmol(평균 분자량 29 kg/kmol)은 22.4 m^3의 부피를 차지하므로 필요한 공기의 부피는 다음과 같다.

$$1355.2\ \text{kg Air} \times \dfrac{22.4\ m^3\ \text{Air}}{29\ \text{kg Air}} = 1046.8\ m^3\ \text{Air}$$

보 충 문 제

문제 IX-1 에탄(C_2H_6)의 연소 반응식을 완결하여라.

풀이 <1단계> 유기물과 산소를 반응물에 놓고 생성물은 CO_2와 H_2O로 한다.
에탄(C_2H_6)의 연소반응식을 반응물과 생성물로 표현하면 다음과 같다.

$$C_2H_6 + O_2 \rightarrow CO_2 + H_2O$$

<2단계> 반응물중 유기물(여기서는 C_2H_6)에 있는 탄소원자(C)의 수와 생성물인 CO_2에 있는 탄소원자(C)의 수를 일치시킨다. C_2H_6에 있는 탄소원자(C)의 수가 2개이므로 $C_2H_6 + O_2 \rightarrow \boxed{2}CO_2 + H_2O$가 된다.

<3단계> 반응물중 유기물(C_2H_6)에 있는 수소원자(H)의 수가 6개이므로 생성물인 H_2O 에 있는 수소원자(H)의 수를 일치시킨다.

$C_2H_6 + O_2 \rightarrow \boxed{2}CO_2 + \boxed{3}H_2O$가 된다.

<4단계> 생성물인 H_2O와 CO_2 중에 있는 산소원자의 수와 반응물중 공급된 산소원자의 수를 일치시킨다. 생성물인 H_2O에 O가 3개 CO_2 중에 산소원자가 4개 등 모두 7개가 있으므로 $C_2H_6 + \boxed{\frac{7}{2}}O_2 \rightarrow \boxed{2}CO_2 + \boxed{3}H_2O$가 된다.

따라서 에탄(C_2H_6)의 연소 반응식은 다음과 같다.

$$C_2H_6 + \boxed{\frac{7}{2}}O_2 \rightarrow \boxed{2}CO_2 + \boxed{3}H_2O$$

문제 IX-2 탄소 10 kg을 완전 연소시키기 위해 필요한 산소의 양은 몇 kg인가?

풀이 탄소의 완전 연소 반응식은 $C + O_2 \rightarrow CO_2$와 같다.
12 kg의 탄소를 완전 연소시키기 위해 32 kg의 산소가 필요하다는 것을 알 수 있다. 따라서 10 kg의 탄소의 완전 연소에 필요한 산소의 양은 다음과 같다.

$$\frac{32\ \text{kg}\,O_2}{12\ \text{kg}\,C} \times 10\ \text{kg}\,C = 26.7\ \text{kg}\,O_2$$

문제 IX-3 탄소 10 kg을 불완전 연소시키기 위해 필요한 산소의 양은 몇 kg인가?

풀이 탄소의 불완전 연소 반응식은 $C + \frac{1}{2}O_2 \rightarrow CO$와 같다.

12 kg의 탄소가 불완전 연소 되기 위해서는 16 kg의 산소가 필요하다는 것을 알 수 있다. 따라서 10 kg의 탄소의 불완전 연소에 필요한 산소의 양은 다음과 같다.

$$\frac{16\ kg\,O_2}{12\ kg\,C} \times 10\ kg\,C = 13.33\ kg\,O_2$$

문제 IX-4 수소 10 kg이 완전 연소하기 위해 필요한 산소의 양은 몇 kg인가?

풀이 수소의 완전 연소 반응식은 $H_2 + \frac{1}{2}O_2 \rightarrow H_2O$와 같다.

2 kg의 수소가 완전 연소되기 위해서는 16 kg의 산소가 필요하다는 것을 알 수 있다. 따라서 10 kg의 수소의 완전 연소에 필요한 산소의 양은 다음과 같다.

$$\frac{16\ kg\,O_2}{2\ kg\,H_2} \times 10\ kg\,H_2 = 80\ kg\,O_2$$

문제 IX-5 황 10 kg이 완전 연소하기 위해 필요한 산소의 양은 몇 kg인가?

풀이 황의 완전 연소 반응식은 $S + O_2 \rightarrow SO_2$와 같다.

32 kg의 황(S)이 완전 연소되기 위해서는 32 kg의 산소가 필요하다는 것을 알 수 있다. 따라서 10 kg의 황의 완전 연소에 필요한 산소의 양은 다음과 같다.

$$\frac{32\ kg\,O_2}{32\ kg\,S} \times 10\ kg\,S = 10\ kg\,O_2$$

문제 IX-6 에탄(C_2H_6) 15 kg의 완전 연소에 필요한 산소량은 몇 kg인가?

풀이 에탄의 완전 연소에 필요한 산소량을 계산하기 위해서는 에탄의 완전 연소 반응식을 먼저 알아야 한다.

$C_2H_6 + \boxed{3.5}O_2 \rightarrow \boxed{2}CO_2 + \boxed{3}H_2O$으로부터 분자량이 30 kg/kmol인 에탄 1 kmol을 완전 연소하기 위해서 분자량이 32 kg/kmol인 산소 3.5 kmol이 필요하다.

즉 30 kg의 에탄을 완전 연소시키기 위해서는 112 kg의 산소가 필요하다는 것을 연소 반응식으로부터 알 수 있다. 따라서 15 kg의 에탄의 완전 연소에 필요한 산소량은 다음과 같이 계산한다.

$$\frac{3.5 \times 32\ kg\,O_2}{30\ kg\,C_2H_6} \times 15\ kg\,C_2H_6 = 56\ kg\,O_2$$

문제 IX-7 에탄(C_2H_6) 15 kg이 완전 연소하여 생성되는 연소가스인 CO_2와 H_2O의 양은 각각 몇 kg인가?

풀이 에탄의 완전 연소에 의해 생성된 생성기체의 양을 구하기 위해서는 에탄의 완전 연소 반응식을 먼저 알아야 한다.

C_2H_6 + $\boxed{3.5}O_2 \rightarrow \boxed{2}CO_2 + \boxed{3}H_2O$으로부터 분자량이 30 kg/kmol인 에탄 1 kmol이 완전 연소하면 분자량이 44 kg/kmol인 CO_2 2 kmol이 생성되며, 분자량이 18 kg/kmol인 H_2O 3 kmol이 생성된다. 이론적으로 30 kg의 에탄을 3.5×32 kg의 산소를 사용해서 완전 연소시키면 2×44 kg의 CO_2와 3×18 kg의 H_2O가 생성된다.

15 kg 에탄의 완전 연소에 의해 생성된 생성기체의 질량은 다음과 같이 계산한다.

㉠ 연소 생성물인 CO_2의 양

$$\frac{2\times 44\ \text{kg}\,CO_2}{30\ \text{kg}\,C_2H_6}\times 15\ \text{kg}\,C_2H_6 = 44\ \text{kg}\,CO_2$$

㉡ 연소 생성물인 H_2O의 양

$$\frac{3\times 18\ \text{kg}\,H_2O}{30\ \text{kg}\,C_2H_6}\times 15\ \text{kg}\,C_2H_6 = 27\ \text{kg}\,H_2O$$

㉢ 연소 생성물의 양 = 44 kg + 27 kg = 71 kg

문제 IX-8 부탄(C_4H_{10}) 20 kg이 완전 연소하는데 필요한 산소량은 표준상태(0℃, 1 atm)에서 몇 m^3인가?

풀이 부탄(C_4H_{10})의 완전 연소에 필요한 산소량을 계산하기 위해서는 부탄(C_4H_{10})의 완전 연소 반응식을 알아야 한다.

$C_4H_{10} + \boxed{\frac{13}{2}}O_2 \rightarrow \boxed{4}CO_2 + \boxed{5}H_2O$으로부터 표준상태에서 분자량이 58 kg/kmol인 부탄 1 kmol을 완전 연소하기 위해서는 분자량이 32 kg/kmol인 산소 6.5 kmol이 필요하다. 아보가드로의 법칙에 의하면 표준상태에서 모든 기체 1 kmol의 부피는 22.4 m^3이다.

즉 58 kg의 부탄을 완전 연소시키기 위해서는 6.5 × 22.4 m^3의 산소가 필요하다는 것을 연소 반응식으로부터 알 수 있다. 따라서 20 kg의 부탄의 완전 연소에 필요한 산소량은 다음과 같이 계산한다.

$$\frac{6.5\times 22.4\ m^3\,O_2}{58\ \text{kg}\,C_4H_{10}}\times\ 20\ \text{kg}\,C_4H_{10} = 50.2\ m^3\,O_2$$

문제 IX-9 부탄(C_4H_{10}) 20 kg이 완전 연소하면 생성되는 연소가스인 CO_2와 H_2O의 양은 부피로 몇 m^3인가?

풀이 부탄(C_4H_{10})의 완전 연소에 의해 생성된 생성기체의 양을 구하기 위해서는 부탄(C_4H_{10})의 완전 연소 반응식을 먼저 알아야 한다.

$C_4H_{10} + \boxed{\frac{13}{2}} O_2 \rightarrow \boxed{4} CO_2 + \boxed{5} H_2O$으로부터 분자량이 58 kg/kmol인 부탄(C_4H_{10}) 1 kmol이 완전 연소하면 분자량이 44 kg/kmol인 CO_2 4 kmol이 생성되며, 분자량이 18 kg/kmol인 H_2O 5 kmol이 생성된다. 즉 58 kg의 부탄(C_4H_{10})을 6.5 kmol의 산소를 사용해서 완전 연소시키면 4 kmol의 CO_2와 5 kmol의 H_2O가 생성된다.

아보가드로의 법칙에 의하면 표준상태에서 모든 기체 1 kmol의 부피는 22.4 m^3이다.

20 kg 부탄(C_4H_{10})의 완전 연소에 의해 생성된 생성기체의 부피는 다음과 같이 계산한다.

㉠ 연소 생성물인 CO_2의 부피

$$\frac{4 \times 22.4\ m^3 CO_2}{58\ kg\, C_4H_{10}} \times 20\ kg\, C_4H_{10} = 30.9\ m^3 CO_2$$

㉡ 연소 생성물인 H_2O의 부피

$$\frac{5 \times 22.4\ m^3 H_2O}{58\ kg\, C_4H_{10}} \times\ 20\ kg\, C_4H_{10} = 38.6\ m^3 H_2O$$

㉢ 연소 생성물의 부피 = $30.9\ m^3 + 38.6\ m^3 = 69.5\ m^3$

문제 IX-10 질량비로 조성이 C : 75 %, H : 19 %, O : 6 %인 고체연료 100 kg을 완전 연소시키는데 사용된 산소의 양은 몇 kg인가?

풀이 연료 100 kg에 존재하는 각 성분의 양을 계산하면 탄소(C) 75 kg, 수소(H) 19 kg 그리고 산소(O) 6 kg이다. 이중 가연성분은 탄소(C)와 수소(H)이다.

㉠ 탄소의 완전 연소 반응식으로부터 75 kg의 탄소가 완전 연소하는 필요한 산소의 양은 다음과 같이 구한다.

$C \ + \ O_2 \ \rightarrow \ CO_2$

12 kg의 탄소가 완전 연소하기 위해 산소 32 kg이 필요하다. 실제로 연소된 탄소의 양은 75 kg이므로 이때 필요한 산소양은

$$\frac{32\ \text{kg}\,O_2}{12\ \text{kg}\,C} \times 75\ \text{kg}\,C = 200\ \text{kg}\,O_2$$

ⓛ 수소의 연소 반응식으로부터 수소 19 kg을 연소시키는데 사용된 산소의 양을 구하면 다음과 같다.

$$H_2 + \frac{1}{2}O_2 \rightarrow H_2O$$

2 kg의 수소가 완전 연소하기 위하여 산소 16 kg이 필요하다. 실제로 연소된 수소의 양은 19 kg이므로 이때 필요한 산소양은

$$\frac{16\ \text{kg}\,O_2}{2\ \text{kg}\,H_2} \times 19\ \text{kg}\,H_2 = 152\ \text{kg}\,O_2$$

연료 중에 산소가 6 kg이 존재하므로

실제로 필요한 산소의 양 = 200 + 152 − 6 = 346 kg O_2

문제 IX-11 질량비로 탄소(C)가 73 %, 수소(H)가 16 %이고, 산소(O)가 11 %인 고체 연료 100 kg을 완전 연소시키는데 사용되는 산소의 양은 표준상태에서 몇 m^3인가?

풀이 고체 연료 100 kg 중에는 탄소(C)가 73 kg, 수소(H)가 16 kg 그리고 산소(O)가 11 kg이 존재한다. 이중 가연성분은 탄소(C)와 수소(H)로서 가연성분의 연소에 필요한 산소의 양은 다음과 같이 구한다.

㉠ 탄소의 완전 연소 반응식으로부터 73 kg의 탄소가 완전 연소하는 필요한 산소의 양은 다음과 같이 구한다.

$$C + O_2 \rightarrow CO_2$$

12 kg의 탄소가 완전 연소하기 위해 산소 32 kg이 필요하다. 실제로 연소된 탄소의 양은 73 kg이므로 이때 필요한 산소양은

$$\frac{32\ \text{kg}\,O_2}{12\ \text{kg}\,C} \times 73\ \text{kg}\,C = 194.7\ \text{kg}\,O_2$$

ⓛ 수소의 연소 반응식으로부터 수소 16 kg을 연소시키는데 사용된 산소의 양을 구하면 다음과 같다.

$$H_2 + \frac{1}{2}O_2 \rightarrow H_2O$$

2 kg의 수소가 완전 연소하기 위해 산소 16 kg이 필요하다. 실제로 연소된 수소의 양은 16 kg이므로 이때 필요한 산소양은

$$\frac{16\ \text{kg}\,O_2}{2\ \text{kg}\,H_2} \times 16\ \text{kg}\,H_2 = 128\ \text{kg}\,O_2$$

연료 중에 산소가 11 kg이 존재하므로

실제로 필요한 산소의 양 = 194.7 + 128 − 11 = 311.7 kgO_2

표준상태(0℃, 1 atm)에서 산소 1 kmol(32 kg)은 22.4 m^3의 부피를 차지하므로 필요한 산소의 부피는 다음과 같다.

$$\text{필요한 산소의 부피 } 311.7\ \text{kg}\,O_2 \times \frac{22.4\ m^3 O_2}{32\ \text{kg}\,O_2} = 218.19\ m^3$$

문제 IX-12 기체 연료의 성분이 부피비로 메탄(CH_4) 80 %, 에탄(C_2H_6)이 10 %, 그리고 프로판(C_3H_8)이 10 %이다. 기체를 완전 연소시키기 위하여 산소를 공급하려고 한다. 연료의 양이 10 m^3이라면 이때 필요한 산소의 양은 몇 m^3인가?

풀이 기체를 이상기체로 간주하면 vol % = mol %이므로 연료 10 m^3 중에 CH_4가 8 m^3, C_2H_6가 1 m^3 그리고 C_3H_8가 1 m^3 있다. 각 기체의 완전 연소 반응식은 다음과 같다.

$$CH_4 + 2O_2 \rightarrow CO_2 + 2H_2O$$

$$C_2H_6 + \frac{7}{2}O_2 \rightarrow 2CO_2 + 3H_2O$$

$$C_3H_8 + 5O_2 \rightarrow 3CO_2 + 4H_2O$$

위의 반응식으로부터

㉠ 8 m^3의 CH_4 완전 연소에 필요한 산소량 :

$$8\ m^3 CH_4 \times \frac{2 \times 22.4\ m^3 O_2}{22.4\ m^3 CH_4} = 16\ m^3 O_2$$

㉡ 1 m^3의 C_2H_6의 완전 연소에 필요한 산소량 :

$$1\ m^3 C_2H_6 \times \frac{3.5 \times 22.4\ m^3 O_2}{22.4\ m^3 C_2H_6} = 3.5\ m^3 O_2$$

㉢ 1 m^3의 C_3H_8의 완전 연소에 필요한 산소량 :

$$1\ m^3 C_3H_8 \times \frac{5 \times 22.4\ m^3 O_2}{22.4\ m^3 C_3H_8} = 5\ m^3 O_2$$

필요한 산소량은 $= 16\ m^3 O_2 + 3.5\ m^3 O_2 + 5\ m^3 O_2 = 24.5\ m^3 O_2$ 이다.

문제 IX-13 100 mol의 메탄올(CH_3OH)을 이론산소를 사용하여 완전 연소시킨다. 연소에 필요한 산소의 물질량[mol] 및 각 생성물의 물질량[mol]을 구하여라.

풀이 메탄올(CH_3OH)의 연소 반응식은

$$CH_3OH \quad + \quad 1.5\,O_2 \quad \rightarrow \quad CO_2 \quad + \quad 2\,H_2O$$

1 mol　　1.5 mol　　1 mol　2 mol

연소반응식으로부터 메탄올 1 mol이 완전 연소될 때 필요한 산소량은 1.5 mol이다. 100 mol의 메탄올이 완전 연소될 때 필요한 산소의 물질량은 다음과 같다.

$$100\text{ mol }CH_3OH \times \frac{1.5\text{ mol }O_2}{1\text{ mol }CH_3OH} = 150\text{ mol }O_2$$

100 mol의 메탄올(CH_3OH)이 완전 연소되어 생성되는 CO_2 및 H_2O의 물질량은 다음과 같다.

㉠ 생성 탄산가스(CO_2)의 물질량

$$100\text{ mol }CH_3OH \times \frac{1\text{ mol }CO_2}{1\text{ mol }CH_3OH} = 100\text{ mol }CO_2$$

㉡ 생성된 H_2O의 물질량

$$100\text{ mol }CH_3OH \times \frac{2\text{ mol }H_2O}{1\text{ mol }CH_3OH} = 200\text{ mol }H_2O$$

문제 IX-14 50 m^3의 프로판(C_3H_8)을 50 %의 과잉공기와 함께 공급해서 완전 연소시킬 경우 필요한 공기량은 몇 m^3인가?

풀이 프로판(C_3H_8)의 연소 반응식은

$$C_3H_8 \quad + \quad 5O_2 \quad \rightarrow \quad 3\,CO_2 \quad + \quad 4\,H_2O$$

1 mol　5 mol　　3 mol　4 mol

연소반응식으로부터 프로판 1 mol이 완전 연소될 때 필요한 산소의 이론량은 5 mol이다. 그러므로 프로판(C_3H_8) 50 m^3이 완전 연소되므로 이때 필요한 산소의 이론량은 다음과 같다. 모든 기체는 표준상태에서 1 mol의 부피가 일정하므로

$$50\text{ m}^3\,C_3H_8 \times \frac{5\text{ m}^3\,O_2}{1\text{ m}^3\,C_3H_8} = 250\text{ m}^3\,O_2$$

공기 중에 산소가 21 vol % 들어 있으므로 이론공기량은 다음과 같다.

$$250\text{ m}^3\,O_2 \times \boxed{\frac{1\text{ m}^3\text{ Air}}{0.21\text{ m}^3\,O_2}} = 1190.5\text{ m}^3\text{ Air}$$

공급된 공기의 과잉률이 50 %이므로 실제로 공급된 공기의 양은 다음과 같다.

$1190.5\ m^3\,Air \times 1.5 = 1785.7\ m^3\,Air$

참 고 문 헌

1. 김우식 외 공역, 『화학공정계산』, 청문각, 1996.
2. 조영일 감수, 『화공양론』, 도서출판 한산, 1998.
3. 김정목 외, 『환경공학양론』, 도서출판 동화기술, 1997.
4. 고완석 외 공역, 『화학공학양론』, 도서출판 동화기술, 1997.
5. 홍영호 외, 『화학공정계산』, 도서출판 동화기술, 1997.
6. 성주경, 『물리화학연습』, 형성출판사, 1996.
7. 이화영 외 공역, 『단위조작』, 도서출판 희중당, 1997.
8. 박정기 외, 『유체역학연습』, 학연사, 1993.
9. 교재편찬회 편, 『단위조작연습』, 학연사, 1993.

Index

저자 : **홍영호**
· 혜전대학교 소방안전관리과 교수
· 단국대학교 화학공학과 공학박사

소방기초계산 정가 14,000원

발 행 2024년 3월 10일 초판 5쇄
저 자 홍영호
발행인 정우용
발행처 도서출판 **동화기술**
경기도 파주시 광인사길 201(문발동, 파주출판도시)
Tel (031)955-4211~6 donghwae@kornet.net
Fax (031)955-4217 www.donghwapub.co.kr
(등록) 1977년 12월 19일/9-16호

Printed in Korea
ISBN 978-89-425-9059-9